成功大智慧

鬼 谷 子

马良 唐容 编著

民主与建设出版社
·北京·

图书在版编目（ＣＩＰ）数据

鬼谷子 / 马良，唐容编著 . -- 北京：民主与建设

出版社，2019.11

（成功大智慧）

ISBN 978-7-5139-2851-9

Ⅰ . ①鬼… Ⅱ . ①马… ②唐… Ⅲ . ①纵横家②《鬼

谷子》—通俗读物 Ⅳ . ① B228-49

中国版本图书馆 CIP 数据核字 (2019) 第 272440 号

鬼谷子
GUI GU ZI

出 版 人	李声笑
编　著	马 良　唐 容
责任编辑	刘树民
封面设计	大华文苑
出版发行	民主与建设出版社有限责任公司
电　话	（010）59417747 59419778
社　址	北京市海淀区西三环中路 10 号望海楼 E 座 7 层
邮　编	100142
印　刷	三河市刚利印刷有限公司
版　次	2020 年 4 月第 1 版
印　次	2023 年 9 月第 2 次印刷
开　本	880 毫米 ×1230 毫米　1/32
印　张	25
字　数	605 千字
书　号	ISBN 978-7-5139-2851-9
定　价	128.00 元（全 5 册）

注：如有印、装质量问题，请与出版社联系。

现代社会，每个人都渴望成功，都希望成为一个出类拔萃的人，可是真正能够达到这个目的的人却寥寥无几。成功，对很多人来说，是可望而不可即的事。

然而，在我们的身边，却又有很多人成功了。这些人或许并没有我们优秀，平时也没有多么显眼，但是，几乎是在一夜间，这些人就变得与我们不同：无数的光环戴在了他们头上，无尽的财富落入了他们的腰包。

这些人是如何成功的呢？难道说，他们是天才，或是超人？不是的，他们也大都是普通人。例如，著名发明家爱迪生，小时候曾被老师赶出校门，认为他不是读书的料，可是他硬是凭着勤奋地努力和艰苦地实践，拥有了两千多项发明和一千多项专利。

那么，如何才能成功呢？无数人的实践告诉我们，成功需要智慧。这种智慧并不是天生的，也不是父母遗传的，而是后天通过学习得来的。

人生就像是一条走也走不完的路，成功总会在终点等着你。这条路坎坎坷坷，有连绵起伏的群山，有无数的艰难险阻，需要你有顽强的意志和坚强的毅力，才能越走越近。

每个人都需要经历许多次人生的考验，进行各种不同的尝试，不断地去奋斗，才能到达目的地。如果你能在悲伤的时光里看到希望，在困苦的绝境里看到光明，那么希望终将来临。

许多成功人士都经历过失败，但是他们都坚持了下来。他们总是能从失败中汲取教训，从挫折中总结经验，最终脱颖而出。

天降的挫折并不是上帝的拒绝，而是生活对我们的磨砺，只有经过千锤百炼的磨砺，我们的心才会在遭遇困难的时候，变得越来越坚强；我们脚下的路，才会在经过众多曲折后，走得越来通畅。这些简单的道理其实就是成功的智慧。

人生需要这样的智慧，成功也不能或缺这样的智慧。为了帮助青少年走上成功之路，我们精心编撰了这套"成功大智慧"丛书，包括《强者生存法则》《墨菲定律》《羊皮卷》《鬼谷子》《格局》五本，分别以生存法则、处事规则、勤奋学习、谋略智慧、人生格局等方面为切入点，以通俗的语言，朴实的道理，详细论述了走向成功的诸多秘诀。

相信通过本书的阅读，无论是个人或团队，都可以从中找到自己所需要的经验方法和成功之道。让我们立即付诸行动，早日加入成功之列吧！

目录

2

3

第一章
捭阖

　　捭为开启，阖为闭藏。捭阖之术，也就是开合有道、张弛有度。捭阖之术是世间万物运转的根本，也是纵横家游说的重要说术言略。

捭^①阖^②第一

粤若^③稽^④古，圣人之在天地间也，为众生之先。观阴阳之开阖以命物，知存亡之门户，筹策万类之终始，达人心之理，见变化之朕焉，而守司其门户。故圣人之在天下也，自古至今，其道一也。

变化无穷，各有所归：或阴或阳，或柔或刚，或开或闭，或弛或张。是故圣人一守司其门户，审察其所先后，度权量能，较其伎巧短长。

【注释】

①捭：分。

②阖：关、闭的意思。如封闭心扉、采取守势、拒绝外物、排斥人才皆可谓之阖。

③粤若：发语词，通"曰若""越若"。

④稽：考察。

【译文】

考察回顾历史，得知圣人在天地之间乃平民百姓中的先知先觉。圣人观察阴阳二气的开合来给万物命名，知晓生死道理，掌握万物的始终，考察民心民情，通达人的心理变化状态，观察事物发展变化的征兆，而把握住各种事物的关键环节。所以圣人处在天地之间，从古到今，所遵循的道理都是一样的。

万事万物的变化无穷无尽，但都是有条不紊，各按其道。有的阴，有的阳，有的柔，有的刚，有的开放，有的闭合，有的松弛，有的紧张。所以圣人把握住事物的关键，审察事物的前因后果，权衡其轻重缓急，比较其技巧优劣长短，而后借物举事。

【感悟】

天下的事物虽然千差万别，但都按照一定的规律有条不紊地进行着。正因为这样，我们需要掌握各种事物独特的、内在的变化规律，然后以不同的方法因时、因地去对待它们，顺其自然即可成事。

【故事】

少康复国的故事

夏启破坏了禅让制度，开创了父死子继的世袭制度。他的生活也荒淫无道。他死后，他的大儿子太康继承了王位。太康从小就跟着他父亲学喝酒、学打猎，生活比夏启更腐败。

这时候，东边的东夷族强大起来了。东夷族的首领后羿看到太康长期丢下国家大事不管，就乘机夺取了夏朝的首都安邑，把太康的弟弟仲康立为傀儡王，由他自己掌握国家大权。可是后羿也喜欢打猎，而且还信任一个惯会献媚、挑拨是非的寒浞。寒浞用小恩小惠收买了后羿的家奴，唆使他们谋害了后羿。

被后羿立为傀儡王的仲康，很快就死了。他的儿子后相继承了王位。后相不愿意做傀儡，逃出去投靠同姓的斟灌氏和斟氏。寒浞怕后相的势力壮大，就派大儿子过浇带兵去进攻斟灌氏和斟氏，杀死了后相。后相的妻子后缗这时候正怀孕，她躲开过浇的搜捕，从墙洞里偷偷爬了出去，投靠了自己的娘家有仍氏，在那里生下了儿子少康。

少康从小聪明过人，长大后，在有仍氏充当牧正，手下拥有500

余人的一旅之众，管辖方圆十里的地盘。

少康关心老百姓的疾苦，宣扬他的高祖夏禹的功德，以争取人们支持他复兴故国。他把那些被后羿和寒浞搞得妻离子散、家破人亡、流浪在外的夏朝旧官吏召集来，叫他们跟着他打回老家去。他先派一个名叫女艾的大将去刺探过浇的虚实，又派自己的儿子季杼去消灭戈戏，削弱过浇的力量。女艾和季杼都出色地完成了任务。少康对于过浇那边的情况已经了如指掌，并且由于消灭了戈戏，也使得过浇处于孤立无援的境地。

一切都准备好了，少康便从纶地起兵，历数后羿、寒浞、过浇等人的罪行，杀奔夏朝的旧都城安邑。这时候寒浞已经死去，过浇虽然想顽抗，怎奈大势已去，终于被少康消灭了。天下又回到了夏禹后代的手里。这件事，历史上称为"少康复国"或"少康中兴"。

捭阖第二

夫贤、不肖、智、愚、勇、怯、仁、义有差，乃可捭，乃可阖；乃可进，乃可退；乃可贱，乃可贵；无为以牧①之。

审定有无，与其实虚②，随其嗜欲，以见其志意。微排其所言，而捭反之，以求其实，贵得其指；阖而捭之，以求其利。或开而示之，或阖而闭之。开而示之者，同其情也；阖而闭之者，异其诚也。可与不可，审明其计谋，以原其同异③。离合有守，先从其志。

【注释】

①牧：处理。

②审定有无，与其实虚：审其才术之有无，察其性行之虚实。

③以原其同异：探讨事物相同与不同的特点、性质。

【译文】

人有贤良和不肖、聪明和愚笨、勇敢和怯弱、仁义和不仁义之分，在气质上是有差别的。根据这些，就可以开启，可以闭合，可以进用，可以辞退，可以使之卑贱，可以使之尊贵，一切都靠无为来进行对待。审定一个人有无才能，品行是否忠实，根据其嗜好和欲望，便能观察他的志向和思想。在交谈中，可略微反驳对方所说的话，开启后再揣测他的言谈，以便探察出他的真实意图。这样说，重在能够得到他所说的要义，闭藏之后再加以开启，从而获得自己所求的利益。或者说话引导对方吐露出真情，或者听话隐藏自己的动机。用说话引导对方吐露真情的方法，是为了顺同他的真情实意；用听话隐瞒自己动机的方法，是为了区别他的真诚假意。

看对方的计谋可行不可行时，要判断清楚他的计谋，探讨其中的同异，有的计谋和自己的主张一致，有的和自己的主张不一致，要确定自己的主导思想而加以信守，也要顺从对方意愿志向加以考察。

【感悟】

判断一个人有无才能，品德好坏，可以从他的言行中看出来，当然也要看他说的话是否诚实。这要通过一段时间的考察才能清楚，切不可一言定终生，否则就会扼杀人才。

【故事】

姜太公辅佐周武王

姜尚，字子牙，一名望，尊称太公望，周武王尊姜尚之号为"师尚父"，世称"姜太公"。

尧舜时期，炎帝后裔伯夷掌四岳，曾帮助大禹治水立过功，被封在吕，子孙从其姓，吕尚乃伯夷后人，姜为尚之族姓。

姜子牙出世时，家境已经败落。所以姜子牙年轻的时候干过宰牛卖肉的屠夫，也开过酒店卖过酒，聊补无米之炊。

但姜子牙人穷志不短，无论宰牛也好，还是做生意也好，始终勤奋刻苦地学习天文地理、军事谋略，研究治国安邦之道，期望能有一天为国家施展才华。

然而，虽然他满腹经纶、才华出众，但在商朝怀才不遇。他已年过六旬，满头白发，仍在寻机施展才能与抱负。

有一天，姜子牙在河岸边钓鱼，碰巧遇到周文王。

周文王见姜子牙的鱼钩离水面差不多三尺远，奇怪地问："这样钓得到鱼吗？"

姜子牙缓缓地答到："愿者上钩。"

文王见他仙风道骨、语意深刻，忽然兴奋地说："我记起来了，当初有人预言，会有贤人到周地，助周兴起。想必您就是那位贤人，我早盼望着您来了。"

姜子牙受到文王的重用，在周辅佐政事。没多久，就统一了西方各部族，国势大盛。姜子牙告诫文王重视人才，关心百姓，才能赢得天下。果然，在姜子牙一番励精图治后，周成了远近闻名的强国。过了一些年，周文王传位给儿子武王。

武王则遵从先王的遗志，慎于刑赏，令行禁止，使周朝的政治更加清明。此时，殷纣王荒淫无道，天怒人怨，殷商王朝已出现了土崩瓦解的局面。姜子牙审时度势，认为伐纣的时机已到，便亲任主帅统领大军，以吊民伐罪为号召，联合诸侯各国出兵直取商都。

经过牧野一战，大败商军，迫使商纣王和妃子妲己投火自焚于鹿台。中国历史上的殷商王朝至此便宣告灭亡了，姜子牙终于完成了扶周灭商的宏图大业。

捭阖第三

即欲捭之，贵周[1]，即欲阖之，贵密[2]。周密之贵微，而与道相追。捭之者，料其情也；阖之者，结其诚也。皆见其权衡轻重，乃为之度数，圣人因而为之虑。其不中权衡度数，圣人因而自为之虑。

故捭者，或捭而出之，或捭而内之；阖者，或阖而取之，或阖而去之。捭阖者，天地之道。

捭阖者，以变动阴阳，四时开闭，以化万物。纵横反出，反覆反忤，必由此矣。

【注释】

①即欲捭之，贵周：周，不遗漏。要行动时，必须做周密的考虑。

②即欲阖之，贵密：探求实情，综合思考，贵在缜密。

【译文】

要想开启，贵在考虑周详；想要闭藏，贵在隐秘。要想周密，贵在不能忽略微小的事情，而合乎道之理。用开启的方法就是要了解对方的情况，用闭藏的方法就是争取到对方的诚心。要观察对方，权衡轻重，对谋略加以审度和评判，圣人为此而有所考虑。

那些不能认可而达于一致的，圣人就按自己的考虑去做。对于开启，有的开启之后辞退，有的开启之后接纳；对于关闭，有的用关闭方法收留，有的用关闭方法加以排除。

所谓开启与关闭，都是天地自然运行的道理。开启与关闭因变化而使阴阳二气产生变动。按照四季的开启与闭合来化育万物。不论纵横、反复都必须由开启闭合而产生。开启闭合是道的最高表现形式。如果想使说辞变化多端，必须事先详细观察对方的变化，一切吉凶大事都与此有关联。

【感悟】

要想对一个人有所了解，就要以周详隐秘的方式采用捭阖的方法，或捭之，或阖之，进而掌握这个人的爱好、性情和思想，然后以此确定对这个人是否进行联合或排斥，以及采取怎样的策略。

【故事】

武丁求贤

汤王以后经过20多代，王位传到了武丁手上，这时候的殷国国力大不如前，已经开始走下坡路了。

有一天晚上，武丁忽然做了一个梦，梦里遇到一个人，看样子很像囚徒，身穿一件粗麻布衣服，胳膊上套着一条很粗的绳索，他的背有点驼，正弯腰低头吃力地干活。朦胧中，武丁觉得那个罪人向他谈了许多有关天下国家的大事，武丁听他侃侃而谈，头头是道，很切合他的心思。正想询问他的名字，却被早朝的钟声吵醒了。

武丁上朝以后，把梦里遇见的那个人画在木板上，让群臣复制了许多份，又用书面形式告诉大家，神托梦给他，告诉他这就是他日思夜想所要寻找的贤臣，并命令文武百官四处寻访。

过了很久，其中一个大臣寻访到北海的傅岩，找到一个名叫说

（音悦）的囚犯，面容打扮跟武丁描述的一模一样。那个大臣高兴得不得了，连夜用大车把那个囚犯带回去，报告给武丁。

那个囚犯见了武丁，一点也不害怕，态度从容，镇定自若，谈起国家大事来口若悬河，滔滔不绝，显示出很高深的学问和过人的才识。武丁听了很高兴，当时任命他做了殷国宰相。因为他是从傅岩来的，人们就称他为傅说。

傅说做了殷国宰相之后，尽心尽力辅佐武丁，他提出了很多非常英明的见解，采取了很多有效的措施，武丁对他几乎言听计从，因而他的那些正确的决定总是被武丁大加赞赏，并且全部采纳。很快，殷国的国势就开始强大起来，终于实现了武丁复兴殷国的愿望。

捭阖第四

捭阖者，道之大化，说之变①也；必豫审其变化。

口者，心之门户也；心者，神之主也。志意、喜欲、思虑、智谋，此皆由门户出入，故关之以捭阖，制之以出入。

捭之者，开也、言也、阳也；阖之者，闭也、默也、阴也。阴阳其和，终始其义②。

故言"长生""安乐""富贵""尊荣""显名""爱好""财利""得意""喜欲"，为阳，曰"始"。

故言"死亡""忧患""贫贱""苦辱""弃损""亡利""失意""有害""刑戮""诛罚"，为阴，曰"终"。

诸言法阳之类者，皆曰"始"，言善以始其事；诸言法阴之类者，皆曰"终"，言恶以终为谋。

【注释】

①道之大化，说之变：大化，变化。说之变，指游说原则并主张灵活运动。

②终始其义：指始终保持的义理，即善始善终。

【译文】

开启闭合是道的最高表现形式。如果想使说辞变化多端，必须事先详细观察对方的变化，一切吉凶大事都与此有关联。

口是心的门户，心是神的主宰。意志、情欲、思虑、智谋都是由口出入，所以用捭阖之术封住口，控制它的出入。

所谓"捭之"，就是开启、言说，是公开的，属阳谋；所谓"阖之"，就是闭藏、缄默，是不公开的，属阴谋。阴阳配合得好，事情的开始和结果才能处理得当，恰到好处。

所以说，长生、安乐、富贵、尊荣、显名、爱好、财利、得意、喜欲等都是阳气，统称为"始"；死亡、忧患、贫贱、苦辱、弃损、亡利、失意、有害、刑戮、诛罚等都是阴气，统称为"终"。

凡是那些顺承阳气的人，叫作"始"，他们以谈论"善"来作为事情的开端。凡是那些效法阴气的人，全称为"终"，他们以谈论"恶"来作为谋略的结束。

【感悟】

俗话说："病由口入，祸从口出。"言从口出，言为心声。要想把好"口关"，防备祸从口出，必先把好"心关"。要想把好心关，只有加强自己的涵养，加深自己的城府，凡事三思而后行，免招祸殃。

【故事】

嫘祖劝诫黄帝

黄帝在陕北待腻了，在率领族人向中原迁徙时，于途中遇上了嫘。嫘（念雷）小姐正抱着一个陶瓶去井里汲水。嫘双手牵动细绳，把水瓶放进井里，显露出优美的身体曲线，深深地吸引着黄帝。

黄帝走上前说："是谁捧给我芳香的水浆，我就要为谁迷醉不醒，我将儿女情长，放弃读书赶考。我将把追逐的艰辛和成功的荣耀让位给古人和来者，甘心岁月蹉跎并且于事无补。"

嫘一愣：哟，这个西边来的帅龙真会说话啊。

嫘看见黄帝头上编着蝎尾形的朝天长髻（类似麻花辫子），五只野猪獠牙制作的发夹套在长髻上起固定作用。一串绿色石质饰品，像发带一样绕脑袋一圈。发带以下，垂着一些小细辫子。耳外挡着方块的、梯形的耳饰，质地像是细陶——这都是根据出土古人装束推测出来的。黄帝的手腕上套着象牙镯和玉镯，好几只，有宽有细，颜色纷杂，但右腕上是空的。黄帝的手指戴着石制的指环，大约是帮助拉弓用的。黄帝颈下又垂着一块玉璜和一条象牙小龙作为胸佩，一个青紫一个洁白。

嫘忍不住笑出声来："你是刚进化完的野人吗？怎么穿得这么乱七八糟？"

黄帝说："我脚下的黄土，即使全是黄的，也会因烧制技巧不同而有目感差异，造出红陶、黑陶、白陶、彩陶不同系列出来。我的鞋袜颜色很深，像是重度烘烧的细泥黑陶，黑如漆，薄如纸，再经打磨，漆黑光亮。我的下裳颜色稍暗，像是风味独特的印纹红陶。陶色较深，坚固耐用，是贮藏粮食的好罐子。我的麻线上衣颜色稍浅，像是柔顺细腻的网纹白陶，胎制细白，器表光滑，光彩照人，可吃饭，也可喝水。而我的背包颜色内深外浅，点缀着蓝宝石饰品，则像是兽纹彩陶，上刻有猪纹、狗纹、龙纹、虎纹，气势磅礴，剽悍豪放，象征着我的性格！"

嫘愣了半晌，轻轻说道："照你这么说，那我穿的就是一套青山文化了？"黄帝问道："怎么讲？"

"即使全是青山，也会因为气候的冷、热、晴、雨而有差异。我的鞋袜颜色很深，像是太行山上的松岭，阴冷诡谲。我的丝罗裙颜色稍浅，又有点泛白，像飘着冰雪的北漠大青山，深沉忧郁。上身绢衣的颜色更浅，像是江南温柔婉转的草坡，清澈明亮。而我的罗纱挎包颜色外深内浅，并且有绮锦的碎花背带，就像是长白山顶的天池，岸边还跑出几头小花鹿，映着云海缥缈的倒影，蹦蹦跳跳，乖巧可爱。"黄帝惊讶极了，后来千方百计跟她结为伉俪。

捭阖第五

捭阖之道，以阴阳试之[①]，故与阳言者，依崇高，与阴言者，依卑小。以下求小，以高求大。由此言之，无所不出，无所不入，无所不可。

可以说人，可以说家，可以说国，可以说天下。为小无内，为大无外。益损、去就、倍反，皆以阴阳御其事。

阳动而行，阴止而藏；阳动而出，阴随而入。阳还终始，阴极反阳[②]。以阳动者，德相生也；以阴静者，形相成也。以阳求阴，苞以德也；以阴结阳，施以力也。阴阳相求，由捭阖也。此天地阴阳之道，而说人之法也，为万事之先，是谓"圆方之门户"。

【注释】

①以阴阳试之：指用或正或反、或直或隐的游说方法试探和把握对方的思想。

②阳还终始，阴极反阳：意为阴阳运行，彼此相生，互相转化。

【译文】

开闭的法则，都可用阴阳之言进行试探。因此对正派的人要谈论崇高的事去试探他；跟阴险的人谈论要用卑小的事去试探他。用低下要求卑小，用崇高要求宏大，这样说来，没有什么不可以探测出，没有什么不能深入进去，没有什么不能办到的事。

用这种道理可以说服一家人，说服一个国家，说服天下人。阴则无内可言，阳则无外可言，游说之道能大能小，能屈能伸。所有益损、去来、背反等都可以运用阴阳之法应对的。

阳气动就要行事，阴气动就可以收藏。阳气活动而显出，阴气隐藏而进入。阳气到了极点变为阴，阴气到了极点就反为阳。以阳气而活动的人，道德由此增长，以阴气而安定的人，形势会随着助长，事物由此而形成。以阳气来追求阴气，就要用恩德来包孕，以阴气来结纳阳气，就要以力量来施行。阴阳相互追求，是根据开合来决定的。这就是天地阴阳的法则，也是说服人的基本方法。是万事万物的先知先觉，也就是所说的天地之门。

【感悟】

天下的事物无不包含着阴阳、正反两个方面，这两个方面相辅相成，在一定条件下可以互相转化。也就是说，天下的事物没有不可以转变的，有了条件就能够转变，没有条件，创造条件也同样可以使之转变。人们可以根据这个道理去处理事物。

【故事】

伏羲氏的思想

相传很久以前，有个叫伏羲氏的人做了国王。他感到天地万物纷乱复杂，于是就想用一种方法，来总结出大自然的规律。一天晚上，伏羲氏抬头观察天空时，忽然发现，天空中星罗棋布的大小星星，纵横交错的位置不是和地上的山川河流有相通之处吗？第二天，伏羲氏又仔细地观看了鸟兽的花纹和岩石的裂缝，在这个基础上，他最终发明了"八卦"。

那时候，人们在水中捕鱼非常困难，他们只能用树杈戳，一天下来，捕不了几条。伏羲氏又运用疏密相间的黏附原理，发明了渔网，从那以后人们捕鱼就容易多了。

伏羲氏死后，神农氏当了国王。他根据八卦遇到困境就加以改革，改革之后就行得通的原理（"穷则变，变则通，通则久"），将树条用火烤后弄弯，制成犁，就能够成片成片地开垦荒地了。土地多了，于是生产的粮食也多了。但人们所种的东西并不是相同的，于是，神农氏又发明了市场。他规定：凡是需要交换东西的人，在某一固定的时间，将所要进行交换的货物集中在市场上，彼此想到用不同的东西进行交换自己想要的东西。

再后来，黄帝、尧、舜先后担任国王，又发明了衣裳，并通过衣裳的样式、颜色区分出高低贵贱；又发明了船、弓箭、牛车和马车等。从此以后，人们的生活便极大地方便起来。

第二章
反　应

　　本章主要讲述了刺探情况的谋略，就是利用事物正反两面相辅相成的规律，从反面达到正面的方法。

反应第一

古之大化者①，乃与无形俱生。反以观往，覆以验来②；反以知古，复以知今；反以知彼，覆以知己。

动静虚实之理，不合来今，反古而求之。事有反而得覆者，圣人之意也。不可不察。

人言者，动也；己默者，静也。因其言，听其辞。言有不合者，反而求之，其应必出。

言有象，事有比。其有象比，以观其次。象者，象其事；比者，比其辞也。以无形求有声，其钓语合事，得人实也。

其张置网而取兽也，多张其会而司之。道合其事，彼自出之，此钓人之网也。常持其网驱之。其言无比，乃为之变。以象动之，以报其心，见其情，随而牧之。己反往，彼覆来，言有象比，因而定基。

重之、袭之、反之、覆之，万事不失其辞，圣人所诱愚智，事皆不疑。古善反听者，乃变鬼神以得其情。其变当也，而牧之审也。牧之不审，得情不明；得情不明，定基不审。

变象比，必有反辞，以还听之。欲闻其声，反默；欲张反睑，欲高反下，欲取反与。欲开情者，象而比之，以牧其辞。同声相呼，实理同归。或因此，或因彼，或以事上，或以牧下。

此听真伪、知同异，得其情诈也。动作言默，与此出入；喜怒由此，以见其式。

【注释】

①古之大化者：化，指教化；大化者，指教化众人的圣人。

②反以观往，覆以验来：追溯过去的经验，进行研究以面对当前，认识未来。对事物应从正反两个方面反复思考。

【译文】

古代教化众生的圣人，是同无形无影的天地一起产生的。回首观看过去，返回来验证未来；回首考察历史，返回来了解认识现在；回首了解知道对方，返回以后认识自己。

动静、虚实的道理，如果与现在的情形不符合，那么就要返回到古代的历史中去寻求答案。对事情的考察，要返回过去，再来验证现在。这是圣人的思考方法，对事物不可不详细审察。

别人的讲话为动，自己的沉默为静。因此根据对方的话探知他的主张、意图，假如发现他的言辞有不合理、前后矛盾的地方，马上反问他而探求其真意，对方的反应必然出现。

言语有法相，事情有类比，既然有法相和类比，就可以从对方的谈话中了解法相和类比，然后才可以观察其他的东西。所谓象是指言谈中某类事物的象征。比是指比照言辞中的同类事物，是借助无形的道来求得有声的言论。引诱对方说话，把对方所说的话与做的事相对照，就能了解对方的真实情况。

这种情况就好像张网捕捉野兽一样，尤其要在野兽密集的地方多张网等候。一旦引导方法得当，对方必然会吐露真情，这种用语言诱导的方法也是一张"钓人之网"。

可以用这种钓人的网去引诱对方谈话。假如对方有所察觉而不再说真话，就要改变方法。做出某些表象而用语言去打动他，去迎合他的心意，从而了解他的真情，控制住他。自己又回去检查自己，对方一定会再来，所说的话有了法相和类比，因此就有了基础。

如此多次重复它，因袭它，反复验证它，再三审察不使谬妄存在，那么任何事物的真实情况都可以从对方言辞中察知。

圣人用不同的方法诱导愚者和智者，所得到的任何事情全是真实可靠的。善于从反面观察判断的人，能够通过运用变化来探得事物的真实面目。如果所运用的变通方法得当，那么就能掌握事物而加以审察。不能明察对方真情，得到的情形就不真实，就不能明了对方的真实意图，基础就不稳定。

因此，一定要用手法使对方言辞中的法象、类比信息改变，而后顺着他的变换言辞去反问他，让他回答，然后静默地看对方的反应并加以分析。在谈论中，要想听对方讲话，自己反倒要保持沉默；想要使对方张口讲，自己就要收敛闭口不语；想要升高，反而要先使自己低下；要想从对方那里得到好处，自己反而要先给予对方一些实惠；想要打开对方心扉，就要自己先设表象比对去引动对方，待他情志启动，想要发表意见时，便认真去体会对方的言辞。主张相同就会彼此呼应，道理真实就会彼此接受。谈话中，或者从这件事谈起，或者从那件事谈起；所谈之事可以是侍奉君主的事，也可以是教化百姓的事。

在这些谈论中，要辨别真伪，分析了解性质同异，分辨真情与欺诈。一个人的言谈举止，都会流露出一定的感情，喜、怒、哀、乐也都以一定的形式显示出来。这一切都是考察他人的依据。

【感悟】

要想彻底了解一个人，就要从这个人的过去进行考察，进而探测他未来的发展倾向。其次，要从这个人的正反面去衡量。用言语和事物去刺激他，以探求他的反应和真实意图。

【故事】

公孙闬花言巧语祸国

战国时期，成侯邹忌是齐国的相国，田忌是齐国的大将，两人感情不和，长期互相猜忌。

一天，孟尝君的门客公孙闬给邹忌献计说："阁下何不策动大王，令田忌率兵伐魏。打了胜仗，那是您策划得好，大可居功；一旦战败，田忌假如不死在战场，回国也必定枉死在军法之下。"

邹忌认为他说得有理，于是劝说齐威王派田忌讨伐魏国。

谁料田忌三战皆胜，邹忌赶紧找公孙闬商量对策。公孙闬就派人带着10斤黄金招摇过市，找人占卜，自我介绍道："我是田忌将军的臣属，如今将军三战三胜，名震天下，现在欲图大事，麻烦你占卜一下，看看吉凶如何？"

卜卦的人刚走，公孙闬就派人逮捕卖卜的人，在齐王面前验证这番话。田忌闻言非常害怕，只好出走避祸。

田忌从齐国逃到楚国，邹忌担心田忌凭借楚国的势力再返回齐国。说客杜赫对邹忌说："我愿为您把田忌留在楚国。"

杜赫便去对楚王说："邹忌之所以和楚国不友好，是因为他担心田忌凭借楚国的势力再返回齐国。大王不如把楚地江南封赏给田忌，以表明田忌不打算返回齐国。邹忌便一定会和楚国很友好。"

"田忌是个逃亡在外的人，他现在得到了封地，一定会感激大王，如果将来他能返回齐国，也一定会使齐国和楚国很友好。这就是利用田忌、邹忌二人的矛盾，有利于楚国的办法。"

楚王听了杜赫的话，果然把江南封给了田忌。齐国自从田忌出走后，屡打败仗，直到最后被秦国兼并。

反应第二

皆以先定^①，为之法则。以反求覆，观其所托。故用此者，己欲平静，以听其辞，察其事，论万物，别雄雌。虽非其事，见微知类。

若探人而居其内，量其能，射其意也。符应不失，如螣蛇之所指，若羿之引矢。

【注释】

①先定：先审定明确的言谈起点与目标。

【译文】

用反观别人的方式来复验审察自己，在反复探求中去观察对方言辞中隐含着的真情。谈话中要谋求自己的内心平静，才能听取对方的言辞，进而考察他言辞中涉及的诸事，探讨万物，辨别雌雄。即使对方言辞所谈之事是次要的，不是急于要知道的，也可以从细微的征兆中发现其中隐含的真情。

就像为刺探敌情而潜伏敌境一样，要准确地估量对方的能力，探知推测出对方的意向，像符应一样灵验，像螣蛇所预示祸福一样准确不差，像后羿射箭一样百发百中。

【感悟】

要想探求一个人的内心世界，必须要用机巧灵变的方法，即"欲闻其声反默，欲张反敛，欲高反下，欲取反与"，以察其真伪，了解其喜怒哀乐。需要注意的是采用这种方法时一定要保持自己的内心平静，以使自己的判断准确，抓住对方的真实意图。

【故事】

李克荐相

一次，魏文侯召见外臣李克讨论治国安邦之道。文侯对李克道："家贫则思良妻，国乱则思良相，魏国尚不够强大，想要设置国相帮我治理国家，用魏成子或翟璜，此二人你看如何？"

李克答："只要考察一下他们过去的举止表现就可以确定了。看其平时喜欢亲近哪些人；富裕时能给予别人什么；显贵时能举荐什么人；处于逆境时干什么事；贫困时不要什么。从这五个方面进行审察，心中就有数了。"

魏文侯听后高兴地说："听了你的话，选谁为国相之事，可以确定了。"李克告别文侯后，来到翟璜家里，翟璜问："听说国君召见先生去选荐国相，最后选定谁做国相？"

李克答："魏成子。"

翟璜愤然变色说："我有哪一点不如魏成子？西河太守，为我所推荐；君王为邺城之事忧愁，我又荐举了西门豹前往治理；国君要讨伐中山国，是我举荐了乐羊子而取胜；攻克中山之后，无人守卫，是我举荐了先生您去任职；世子缺少老师，也是我推荐了屈侯鲋。你说，哪一点我不如魏成子？"

李克听后义正辞严地反问："当初把我推荐给国君，你难道不是为结党营私以求做大官吗？"

翟璜正欲辩解，李克打断了他。李克说："你怎能与魏成子相比呢？你想一想？"

　　翟璜气愤地说："我凭什么不能与他比？"

　　李克道："魏成子虽享有俸禄千种，但十之有九用于为国招贤，只有一种用于个人生活。他从东方招来卜子夏、田子方、段干木，此三人皆属天下奇才，君尊为师，向他们学习治国之道；而你所推荐的五个人，君王只是当臣来用。由此可见，你怎能与魏成子相比呢？"

　　翟璜满脸通红，无言以对。

反应第三

　　故知之始己，自知而后知人也①。其相知也，若比目之鱼。见形也，若光之与影也。其察言也不失，若磁石之取针，舌之取燔骨。

　　其与人也微，其见情也疾。如阴与阳，如阳与阴；如圆与方，如方与圆。未见形，圆以道之；既形，方以事之。进退左右，以是司之。己不先定，牧人不正，事用不巧，是谓"忘情失道"；己审先定以牧人，策而无形容，莫见其门，是谓"天神"。

【注释】

　　①知之始己，自知而后知人也：假如你想要知道他人，就必须先了解自己。了解自己后，才能说他知人。

【译文】

　　了解别人先要从了解自己开始，只有了解了自己，然后才能了解别人。真正了解别人，彼此之间感情自然和睦，就像比目鱼并行一样形影不离。掌握他人形象，如光与影相随，观察对方言辞，不可有所疏忽，就像磁石吸引铁针、舌头舔食烤熟的排骨一样。

与人交相也不在深厚，只要方式得法对方就会很快地向我敞开情怀。这其中的关系，就像阴与阳、圆形和方形一样有一定的规则。在对方迹象尚未出现之前，用圆通、灵活的方法去引导对方；当对方形迹已经出现时，就用一定的原则去衡量他。进退左右等各种行动都应按这种法则去掌握。如果不能自己确定下来、制定一些考察人的准则，就不能很好地管理人才、统治别人，处理事情就会笨拙，运用的技巧就会不够，这就叫作"沉迷于感情而迷失正道"。只有先严格审定自己，确定好一种考察他人的准则制度，而后才能统治他人而无形无迹。在管理上施用谋略，使人们根本看不见整个制度的所在，未见其门却又自然地进入这扇门，这就达到了御人的最高境界。

【感悟】

想要了解别人，首先要了解自己；想要审定别人，首先要审定自己，掌握了别人而别人还未觉察才是最高的手段。既了解别人，又了解自己的人，才是掌握全面的人，才能真正制胜别人。

【故事】

邹忌照镜

战国时，齐国有一个善鼓琴的人，名叫邹忌，齐威王爱其才学，拜其为相，封成侯。邹忌为相期间，择君子，修法律，惩奸吏，对齐国的政治进行了改革，使齐成为可和魏相抗衡的强国。

邹忌是一个高大潇洒、风流倜傥的美男子。有一天早晨，他在镜前整顿衣冠，顺便问妻子："我和城北的徐公哪个更美？"其妻说："当然是君美了，徐公哪里比得上！"邹忌听后心想：城北徐公是齐国第一美男子，我怎么比得上他呢？于是，邹忌又问其妾："我与徐公哪个更美？"妾答："徐公怎能比上君呢？"

这日午间，邹忌家中来了一位客人。宾主坐定，邹忌问客人："我和徐公哪个美？"客人答道："徐公不如君美。"第二天，徐公来到邹忌家做客。邹忌仔细看他，越看越觉得自己不如他，便对着镜子自看，还是觉得自己没有徐公美。

到了晚上，邹忌躺在床上久久不能入睡，他想了很多很多，为什么自己明明不如徐公貌美，可妻、妾、客人却都反说自己美呢？他想了半天终于明白：妻子之所以认为我美，那是她的偏爱；妾之所以认为我美，那是因为她惧怕我；客人之所以认为我美，那是因为他有求于我。邹忌想啊想。又由这件生活小事，想到了国家大事，想到了齐威王身边众多的阿谀奉承者，不禁为国之安危深深地担忧起来。

第二天，邹忌入朝见齐威王，说："臣自知相貌不及徐公美，可是臣的妻子因为偏爱臣，臣的妾因为畏惧臣，臣的客人因为有求于臣，都说臣比徐公美。今齐纵横千里，城池众多，宫中的妾妇和侍臣，没有不偏爱大王的；朝廷大臣，没有不畏惧大王的；四海之内，举国上下，太多的人都有求于大王。由此而看，大王您所受的蒙蔽已经很深了。"齐威王听了邹忌这番肺腑之言，不禁高声赞道："说得好，说得好！"说完，立即下令：无论大臣、百姓，能当面指出寡人之过者，受上赏；能写信劝谏寡人的，受中赏；能在人众会集的公共场所评论寡人的，受下赏。

此令初下，进谏的群臣一个接一个，门庭若市；几个月后，想进谏的人，已经断断续续，大为减少了。燕、韩、魏等国听说这件事后，都派使臣到齐国朝见齐王，表示承认齐王的盟主地位。

第三章
内　揵

　　本章主要讲述了关于进献说辞和固守谋略的方法，论述了领导者与被领导者之间的关系。

内^①揵第一

君臣上下之事，有远而亲，近而疏；就之不用，去之反求。日进前而不御，遥闻声而相思，事皆有内揵。

素结本始，或结以道德，或结以党友，或结以财货，或结以采色。用其意，欲入则入，欲出则出，欲亲则亲，欲疏则疏，欲就则就，欲去则去，欲求则求，欲思则思。若蚨母之从其子也，出无间，入无朕，独往独来，莫之能止。

【注释】

①内：纳的意思，也就是叙述自己的观点。

【译文】

君臣上下之间的关系相当复杂，有的距离虽远却很亲密，有的相隔很近反而关系疏远。有的主动攀附君主反而得不到任用，有的离开了反而被君主相求；有的天天都在君主面前不被差遣，有的君主远远闻其名声便朝思暮想。

交往之始，有的以道德结交，有的以结交党羽的政治方式结交，有的用财物的方式结交，有的以封地来结交。只要摸清君主的心意，善于逢迎其意，那么君主随其臣意，想要从政就能从政，想要离开就离开，想要亲近就能亲近，想要疏远就能疏远，想要出仕就能出仕，想要退隐就能退隐，想要进求就能进求，想要思念就能思念。君主对待臣下就像母蜘蛛放纵它的幼子一般，出去没有时间，进来没有征兆，独来独去，没有谁能够阻止它。

【感悟】

看君臣之间的亲疏的程度，不是取决于臣下离君主远近，而是取决于君主委托臣下所办之事重要与否。有的离君主很近，却不一定是宠臣，有的虽然离君主很远，却能得到君主的重用。

【故事】

解阳讲信义智传君命

公元前595年，楚庄王拜公子侧为大将，申叔时为副将，率领大军包围了宋国都城睢阳，还造了几座跟城墙一般高的兵车，叫楼车，四面攻城。宋文公一面派大将华元率兵守城，一面派大夫乐婴齐到晋国去求援兵。

晋景公接到宋国的求援信后，决定暂不出兵，只派一个使臣去宋国，假说晋国已起大军来救，要宋国坚持抵抗。楚国因路途遥远，粮草不继，不久就会退兵。

使臣解阳化装成老百姓来到宋国睢阳城外，被楚国巡逻兵抓获，带到楚庄王面前。楚庄王认识解阳，就让他劝说宋国投降，解阳叹了一口气答应了。

解阳上了楼车，去同宋将华元对话。解阳提高嗓子喊到："我是晋国的使臣解阳，奉了晋侯的命令来传话。"

城里头的人一听到晋国派使臣来传话，立刻挤了一大堆人，华元也在内。解阳接着说："我走到城外，给楚兵抓住了，不能到你们那去了。晋侯亲自率领军队来救，很快就到，你们千万不要投降，要守住城。"城里的人高兴地大声欢呼。

　　楚庄王一听，火冒三丈，立刻叫人把解阳弄下来，怒气冲冲地责问到："你已经答应了我，怎么又失信？这是你自己找死。"

　　解阳不慌不忙地回答说："我没有骗你，我是奉晋侯之命来的，现在我已经把命令传达完了，足见我是守信用的。反之，如果贵国使臣给敌人抓住，违背大王的命令，讨好敌人，你喜欢这样的臣下吗？"楚庄王想利用解阳的这种守信用的精神去教育他们的臣下，就又转过来称赞解阳是个忠义之士，把他放了，还赏给他一些银两。

内揵第二

　　内者，进说辞；揵者，揵所谋也①。故远而亲者，有阴德也；近而疏者，志不合也。就而不用者，策不得也；去而反求者，事中来也。

　　日进前而不御者，施不合也；遥闻声而相思者，合于谋待决事也。故曰："不见其类而说之者，见逆，不得其情而说之者，见非。得其情，乃制其术。此用可出可入，可揵可开"。

【注释】

①内者，进说辞；揵者，揵所谋也：内，即纳，纳言于人。揵，即结，结谋于人。陶弘景注："说辞既进，内结于君，故曰：内者，进说辞也。度情为谋，君不持而不舍，故曰：揵者，揵所谋也。"

【译文】

臣进说辞于君主，就能从感情上与君结交，被君主宠信。君主对于臣子献的决策谋略就会持而不舍。所以说那些远离君主而能与君主亲近的，是有阴德的缘故。离君主很近而关系疏远，是因为他们的思想与君主不合，主动投靠君主而得不到重用的人，是因为决策不被君主采纳，不得君心，那些离开君主的反而得到诏求，是因为后来发生的事正如他们曾经预料的那样。

天天在君主面前而没有被使用的人，是因为他们的施政措施与君主不合的缘故。君主远闻其名声而思念的人，是因为他们的谋略思想与君主暗合，君主期待他前来共同商量国家大事。所以说，如果与君王志趣不同就进献计策，必然被斥退，适得其反；不了解君主思想感情而进说辞必定不能达到目的。只有掌握了君主的心意，情意相投才能同君主制定方针大计，控制他的施政措施。运用这种方法，就可出入自由，可以事君或离开君主。

【感悟】

要想上司采纳你的建议，必须先要了解上司的真实思想、真实意图，与上司情投意合之后，上司才会相信你，采纳你的建议，这样就可以推行你的施政方针了。

【故事】

国乱思良相

一天魏文侯对他的谋士李克说："谚云：'家贫则思贤妻，国乱则思良相。'我想：魏成子和翟璜两个人都很好，因而不知道到底让谁做相国好，你觉得两人谁强些呢？"

李克说："你拿不定主意，是由于平时考察不够。考察一个人的标准是：平时要看他亲近些什么人；富裕了要看他和什么人做朋友；当官了要看他推荐什么人；不做官了，要看他哪些事不屑于干；贫穷了要看他哪些钱不屑于拿。通过考察这五个方面，就可以决定这两个人谁强些。"

魏文侯说："行了，你休息吧，我知道该封谁做相国了。"

李克出来，遇见了翟璜，翟璜说："听说文侯找你商量谁能够做相国，决定了没有？"李克说："魏成子为相国。"

翟璜不服气地说："我哪一点不如魏成子？国王缺西河太守，我荐举西门豹；国王要攻打中山，我推荐乐羊；国王的儿子没有师傅，我推荐屈侯鲋。结果是：西河大治，中山攻克，王世子品德日益增长。我为什么不可以做相国？"

李克说："你怎么比得上魏成子呢？魏成子的千钟俸禄，90%用来招揽人才，所以卜子夏、田子方、段干木三个人都从别的国家应募而来。这三个人，魏文侯都以师礼相待。而你所推荐的人，不过是魏文侯的臣仆，你怎么比得上魏成子呢？"翟璜思忖了一会，惨然失色说："你说得没错，我是比不上魏成子。"果然，魏文侯让魏成子当了相国。

内揵第三

故圣人立事①，以此先知而揵万物。

由夫道德、仁义、礼乐、计谋，先取《诗》《书》，混说损益，议论去就。

欲合者，用内；欲去者，用外。外内者，必明道数，揣策来事，见疑决之，策无失计，立功建德。治民入产业，曰"揵而内合"。

上暗不治，下乱不寤，揵而反之。内自得而外不留说，而飞之。

若命自来，己迎而御之；若欲去之，因危与之。环转因化，莫知所为，退为大仪。

【注释】

①立事：立身处事。

【译文】

所以圣人建功立业，都是先了解掌握这种君臣情谊而控制万物，由此而推行治国计谋。

向君主进献建议和谋略，必须先考证《诗》《书》中的精华，使自己的主见与之一致，笼统地说些利弊得失的意见，然后决定去留。

想要留下就接近君主，动之以情，争取君主宠信，想离开君主就用不着讲究情谊。懂得了有情和无情的区别，处理内外大事时必须懂得道理，而且揣摩考虑未来的事情，发现可疑之处就能做出决断。只要决策谋略不失误，就能够建立功勋，累积德政。

若遇到能够依靠的明主，就帮他整顿朝政、治理人民，使他们拥有产业，使君臣名分摆正，谋划一些合乎君主心意有成效的决策，把握住与君主的关系。如果君主昏庸无道，不理国家政务，臣民纷乱而不知醒悟，这时就算有好的谋略也不能适合统治者的口味，就不能进献而要明智地做出离开的决定。

遇到对内自以为是、对外留不住人才的君主，谋士只能先去迎合他，为他歌颂功德，博取他的欢心后再说动他。假如有朝廷诏书征召，就先迎合君主的心意，为其所用，实现自己的抱负。若想离开，就用权谋之术应付他，趁国家危亡的时候，把权力交还，然后设法离去。要依据面临的情况随机应变，运转自如，使人不了解自己的所作所为，猜不透摸不清，退居则是明哲保身的大法则。

【感悟】

作为一个智谋之士，如果遇明主竭力辅佐他，借以实现自己的抱负。如果遇到不贤明的君主，即使努力去劝说他也往往无用，不如想法离开，而后另择明君而事。

【故事】

荆庄王茅门之法

春秋时期，楚国国君荆庄王（即楚庄王）才能出众。他整顿内政，兴修水利，重视耕战，成为春秋五霸之一。当时，周代诸侯宫廷南面的宫门，称作雉门，在这个故事里称作茅门。为了管理雉门，荆庄王制定了有关的法令，称作"茅门之法"。茅门之法规定："群臣和公子们到宫廷来朝见楚王时，谁的马蹄践踏了茅门外的散水，就由宫廷里的法官把他的车辕砍断，把他的车夫处死。"

有一次，太子入朝，马蹄踏了散水，法官就遵守法律规定，砍了太子的车辕，处死了太子的车夫。太子非常愤怒，到宫廷里对着荆庄王哭诉说："请父亲为我杀死那个法官。"

庄王说："法令是用以敬宗庙尊社稷的，因此凡是能立法守法，尊敬社稷的，都是国家应当器重的臣子，这样的人怎么可以把他处死呢？触犯法律，不听从命令，不尊敬社稷，那就意味着臣子凌驾在君王之上，下面的人喜欢计较、报复。臣子凌驾在君王之上，那么君王就要失去权威；下面的人喜欢计较、报复，那么上面的君王就会受到威胁。权威丧失，君位危险，国家就会灭亡。到那时，我拿什么留给子孙后代呢？"

太子听了这番话以后，立即跑了出去，离家在外露宿三天，朝向北面连连磕头，请求处以死罪。

第四章

抵巇

　　抵巇，犹钻营。巇，本意为缝隙，可引申为潜在的矛盾或容易忽视的问题。有智慧的人，在事物败坏的兆迹刚刚出现时，就会敏锐地发现事物的征兆，并凭着自己的力量追寻它变化的踪迹，暗中思量琢磨，通盘筹划，找到产生微隙的原因并想出方法解决。

抵巇^①第一

物有自然，事有合离^②；有近而不可见，远而可知。近而不可见者，不察其辞也；远而可知者，反往以验来也。巇者，罅也。罅^③者，㵎也；㵎者，成大隙也。巇始有朕，可抵而塞，可抵而却，可抵而息，可抵而匿，可抵而得，此谓抵巇之理也。

【注释】

①巇：同隙，是虚的意思。

②物有自然，事有合离：事有逆顺离合，是事物的自然法则。

③罅：裂缝，漏洞。

【译文】

天下的万物都有自己本身生发死灭的自然法则，事物的分散与聚合都有一定的自然规律。有的近在身边却无法看见，有的相距很远却很了解。近在身边不能发现的事，是因为没有详细地加以观察，距离远的却能了解，是因为回首考察过去的历史，能够验证预测未来。所谓"罅"就是裂缝。裂缝，逐渐发展就变成大裂缝。小的裂缝刚出现时就有兆头，就应该从里边将它堵塞，或从外边挡住，控制住它的发展，甚至使它消失。当裂缝已扩展开了，无法堵塞时，就可以乘势取而代之，另作他用。这就是堵塞裂缝的基本原理。

【感悟】

千里之堤，毁于蚁穴。对于刚刚出现的漏洞就要想法及时加以补救，否则漏洞逐渐扩大，要堵就困难了，甚至于无法堵塞。如果漏洞大了，不能以堵的办法处理，那么就只有从根本加以解决。

【故事】

韩信拔帜易帜

公元前204年10月，汉大将韩信与张耳率数万汉军，东下井陉（今河北省井陉），攻打赵国。赵王和赵国大将军陈余在井陉聚集二十万大军，准备抵抗汉军。赵国谋士李左车向陈余献计说："韩信、张耳虽来势凶猛，但我军驻地井陉，地势险要，易守难攻。我军可一面据险坚守，一面派部分骑兵出其不意地袭击汉军粮草辎重，断其后路，可获全胜。"然而陈余并未采用他的计谋。

韩信得知这一消息，大胆在距井陉三十里处驻扎下来。当日深夜，韩信选轻骑两千人，人手一面汉军红色旗帜，在夜色掩护下，埋伏在赵军营帐附近的山上。然后，韩信命令这支伏兵等赵军追击汉军离营时，迅速冲入赵营，拔掉赵军旗帜，换上汉军红色旗帜。伏兵出发后，韩信又派出一支一万人的军队，背水布阵。背水布阵原是兵家之大忌，会自己断掉自己的退路。赵军见此情景，以为汉军必败无疑。

第二天天刚亮，韩信便指挥汉军向井陉攻击，赵军立即打开营门出战。双方刚一交战，韩信、张耳便命令汉军士兵丢下旗鼓仪仗，向水边阵地撤退。赵军见汉军不堪一击，便倾巢出动，争抢汉军弃物，追击汉军。此时，埋伏在赵军营帐附近的那两千汉军，见赵军营帐皆空，立即冲入赵营，将赵军旗帜全部拔掉，换上了汉军的红色旗帜。赵军回头一看自己的营帐全都插上了汉军旗帜，误以为赵王已被抓住，军心顿时大乱。韩信、张耳退到水边后，汉军因再也没有退路，便拼命死战，越战越勇；而此时赵军已无心恋战，逃的逃、死的死，很快便被汉军全部消灭。

抵巇第二

事之危也，圣人知之，独保其用，因化说事，通达计谋，以识细微，经起秋毫之末，挥之于太山之本。其施外，兆萌芽蘖①之谋，皆由抵巇。抵巇隙，为道术用。

【注释】

①兆萌芽蘖：新出现的尚处于萌芽状态的问题。

【译文】

当事情刚刚出现危险的迹象时，圣人就能发现，并能做到明哲保身。根据事物的发展变化趋势，辨别事物的道理，并且能制订可行的计谋，以此来辨识事物的细微征兆。事情开始露出危险迹象时，就像秋天鸟兽的毛一样细微，但任其发展下去，也能动摇大山的根基。圣人对付外界变化，防患于未然的谋略，都是从堵塞漏洞这个道理中得出来的。因此从堵塞缝隙入手解决问题，是治道处世的实用大法。

【感悟】

这篇文章教导我们，要有预判意识、危机意识，提前把错误和危机扼杀在萌芽中，不能任其扩大发展到不可收拾的地步，否则，后果难以预测。

【故事】

介子推的故事

春秋战国时代，晋献公的妃子骊姬为了让自己的儿子奚齐继位，就设毒计谋害太子申生，申生被逼自杀。申生的弟弟重耳，为了躲避祸害，流亡出走。在流亡期间，重耳受尽了屈辱。原来跟着他一道出奔的臣子，大多陆陆续续地各奔出路去了。只剩下少数几个忠心耿耿的人，一直追随着他，其中一人叫介子推。

有一次，重耳饿晕了过去，介子推为了救重耳，从自己大腿上割下了一块肉，用火烤熟了就送给重耳吃。十九年后，重耳回国做了君主，这就是著名春秋五霸之一的晋文公。

晋文公执政后，对那些和他同甘共苦的臣子大加封赏，唯独忘了介子推。有人在晋文公面前为介子推叫屈。晋文公猛然忆起旧事，心中有愧，马上差人去请介子推上朝受赏封官。可是，差人去了几趟，介子推不来。晋文公只好亲自去请。可是，当晋文公来到介子推家时，只见大门紧闭。介子推不愿见他，已经背着老母躲进了绵山（今山西介休市东南）。晋文公便让他的御林军上绵山搜索，没有找到。于是，有人出了个主意说，不如放火烧山，三面点火，留下一方，大火起时介子推会自己走出来的。晋文公乃下令举火烧山，孰料大火烧了三天三夜，大火熄灭后，终究不见介子推出来。上山一看，介子推母子俩抱着一棵烧焦的大柳树已经死了。

为了纪念介子推，晋文公下令把绵山改为"介山"，在山上建立祠堂，并把放火烧山的这一天定为寒食节，晓谕全国，每年这天禁忌烟火，只吃寒食。

抵巇第三

天下分错^①，上无明主，公侯无道德，则小人谗贼；贤人不用，圣人窜匿，贪利诈伪者作，君臣相惑，土崩瓦解，而相伐射；父子离散，乖乱反目，是谓"萌芽巇罅"，圣人见萌芽巇罅，则抵之以法。

世可以治，则抵而塞之，不可治，则抵而得之。或抵如此，或抵如彼；或抵反之，或抵覆之。五帝之政，抵而塞之，三王之事，抵而得之。诸侯相抵，不可胜数。当此之时，能抵为右。

【注释】

①分错：纷乱错杂的无序状态。分即纷。

【译文】

天下扰攘纷乱，国家没有明君，公侯权臣没有仁德，于是小人谗害贤良，贤良得不到重用。圣人逃出藏匿，贪婪奸邪、诡诈伪善的小人乘机兴起作乱，君臣互相猜疑愚弄，天下土崩瓦解，相互攻击杀伐，父子离散不合，反目成仇。这就是所说的不祥之兆。圣人看到这种社会弊端，就会采用相应方法处理。如果世道还能够挽救，就采取措施补救；若感到已发展到不可挽救的地步，就取而代之。

圣人治世，有时用这样的方法，有时用那样的方法。或堵塞漏洞，纠正失误，使之返回正道，或采取颠覆的方法取而代之。像五帝当政的时代，就用抵挡堵塞漏洞的方法；处于三王那样的时代，不可救药，就用抵挡的手法取而代之。诸侯之间的互相征伐欺诈，不可胜数。在这种情势下，善于利用矛盾，乘间而入才是上策。

【感悟】

当乱世之时，要想拯救社会，救百姓于水火之中，贵在根据具体情况，或者采用补救的方法，或者采用取而代之的方法，实现自己的愿望，达到造福人民的目的。

【故事】

孟子仁政治国

孟子是继孔子之后，儒家学派的代表人物。他主张行"仁政"统一天下。他四处游说，曾对梁惠王说："仁者无敌。"

一次，孟子被齐宣王召见商量国策，齐宣王问他："商汤流放了夏桀，而周武王去攻打商纣王。这桀和纣是国君，而汤和武王是臣子，臣子杀掉国君，这样做对吗？"

孟子回答说："破坏仁爱的人就叫贼；毁掉道义的就叫残。这些破坏仁义道德的残贼之人，我们就叫他们独夫。所以我认为武王杀死的不是什么国君，而是独夫。既然是独夫，人人可以杀他，更何况杀死纣王的又是武王这样圣明的人呢？"

孟子的回答令齐宣王很满意，认为孟子的思想可以指导他治国安邦，便拜他为客卿。从此，齐宣王有什么问题就去请教孟子，齐国也一天天地强大起来。

抵巇第四

自天地之合离终始。必有巇隙①，不可不察也。察之以捭阖②，能用此道，圣人也。圣人者，天地之使也，世无可抵，则深隐而待时，时有可抵，则为之谋。可以上合，可以检下。能因能循，为天地守神。

【注释】

①必有巇隙：万事万物的结构与过程中，矛盾普遍存在。

②察之以捭阖：要用捭阖术来观察分析万物。

【译文】

自从天地形成以来，变化发展，从而出现缝隙，不可不慎重观察。因此要用捭阖之术去明察世道。善于运用这种方法的人，就是圣人。圣人，是上天派来的使者，假如世上没有漏洞，没缝隙可堵时，就深深隐藏等待时机；一旦有漏洞，需要堵塞时，圣人就挺身而出为国家出谋划策。圣人可以抵塞缝隙，配合明君，辅佐他治理天下；也可以抵而得之，把天下归为己有。圣人能够遵循这个道理，是天地之间的守护神。

【感悟】

鬼谷子认为，圣人是上天派来的使者，能够努力地将国家即将出现的裂缝弥补起来，不给人民带来灾难，这就是圣贤之人的使命。

【故事】

不贪宝玉的子罕

乐喜，字子罕，春秋时宋国的贤臣。宋国有个人得了一块宝玉，他决定把它献给子罕。子罕不收。宋人说："这块宝玉是稀有之物，我一定要献给您。"子罕再次拒绝说："我绝不能收下这宝玉。因为如果收下了，你和我都丧失了宝。"宋人听不懂子罕这话的意思，只是呆呆地望着他。只听子罕继续说道："我以不贪为宝，而你以玉为宝。你把玉给了我，当然丧失了宝，但我收下了你的玉，也就丧失了不贪这个宝。这样，双方都丧失了宝。"

献玉的人叩头，然后对子罕说："小人怀中藏着宝玉，到哪里都不安全，还是把它送给您吧。这样就可以免于被人谋财害命了。"

子罕听了他的话，就把美玉放在自己住的地方，让玉工雕琢它，然后又卖了出去，最后把钱给了献玉的人，让他成了富翁。

第五章
飞 箍

"飞箍"是一种谋略之术，讲的是说服人的谋略，就是用语言诱使对方说话，然后以褒奖的手段箍住对方，使其无法收回。飞箍术可以用于人与人之间的关系，也可以用于分析各国天时、地利及人和等各方面情况，达到和对方建立密切关系的目的。

飞箝^①第一

凡度权量能，所以征远来近^②。立势而制事，必先察同异别是非之语，见内外之辞^③，知有无之数；决安危之计，定亲疏之事。然后乃权量之。其有隐括，乃可征^④，乃可求，乃可用。

引钩箝之辞，飞而箝之。钩箝之语，其说辞也，乍同乍异。其不可善者^⑤，或先征之，而后重累；或先重以累，而后毁之；或以重累为毁，或以毁为重累。

其用或称财货、琦玮、珠玉、璧白、采色以事之，或量能立势以钩之^⑥，或伺候见涧而箝之，其事用抵巇^⑦。

将欲用之于天下^⑧，必度权量能，见天时之盛衰，制地形之广狭，岨险^⑨之难易，人民、货财之多少，诸侯之交，孰亲孰疏，孰爱孰憎，心意之虑怀，审其意，知其所好恶，乃就说其所重^⑩，以飞箝之辞钩其所好，以箝求之。

用之于人，则量智能，权财力，料气势，为之枢机，以迎之，随之，以箝和之，以意宣之^⑪，此飞箝之缀也。

用之于人，则空往而实来，缀而不失，以究其辞。可钳而从，可钳而横；可引而东，可引而西；可引而南，可引而北；可引而反，可引而覆^⑫。虽覆能复，不失其度^⑬。

【注释】

①飞箝：意为先以为对方制造声誉来赢取欢心，再以各种技巧来钳制他。

②征远来近：使远近贤士归附。

③见内外之辞：发现言辞所表达的情感之虚实。陶弘景注："外谓浮虚，内谓情实。"

④征：征召。

⑤其不可善者：难以用钩箝之辞促其善变的。嘉靖抄本"善"作"差"。

⑥或量能立势以钩之：有时揣量对方才能，确立去就、纳拒之势以诱引之。

⑦其事用抵巇：运用钩箝之术要以抵巇之法配合使用。

⑧用之于天下：以飞箝之术进行外交活动，说动帝王，影响天下。

⑨岨险：也作阻险，险峻的地势。

⑩乃就说其所重：在其所重视的事理上说。或可理解为陈述其优势所在。

⑪以迎之，随之，以箝和之，以意宜之：先主动接近对方，而后随之，顺应对方思路，并有意识地附和之使其适应。

⑫覆：颠倒，颠覆。

⑬度：哲学上指一定事物保持自己质的数量界限。在这个界限内，量的增减不改变事物的质，超过这个界限，就要引起质变。

【译文】

凡是揣度人的权谋，衡量人的才能，都是为了征召天下远近有才能的人。当人才应召而来时，要确定自己的意向，建立赏罚制度，首先必须详察他们之间的相同和不同之处，辨别他们言行是非与审察他们真实的言辞和虚浮的言辞，了解他们每个人的道术、方术是否可行，是否有高超的计谋韬略。试探他们如何决断国家安危的基本大计，并且决定君臣间的亲疏关系，然后就可以进行权衡，了解谁有能力谁没有能力。接着矫正他们的不足之处，这样就可征召，可求其谋，就可用其才。

采取方法引诱谈话者说出实情，然后加以判断，用甜言巧语褒奖和推崇他们，进而钳制他们，使他们为我所用。这种用于引诱他人真话的飞箝之语，在外交辞令上有时一样，有时不一样。对于那些用飞箝之辞不能驾驭的人，有的可以先征用他，然后反复加以考验。有的先给以反复考验，挑出毛病，而加以诋毁。有的认为反复考验就是诋毁，有的认为诋毁就等于反复考验。

准备征用的人可以用财物、珠宝、玉璧、丝绸、美色来引诱他，以便加以考验。或者权衡考察他的才能大小，给以一定的名利地位考验他，做出或收留或不收留的样子来控制他；或是在使用过程中，观察他的言行，找出小错误乘机钳制他。其方法是用抵巇之术。

如果要将"飞箝"之术运用到治理国家上，辅佐天下君主成就大业时，一定要先考虑这位君主的权谋，衡量他的才能，观察天时的盛衰，了解、掌握地域的宽窄、山川的险峻与难易，人民财物的多少，诸侯之间交往的关系，究竟谁跟谁亲密，谁跟谁疏远，谁与谁要好，谁与谁有仇恨，也必须了解清楚。要详细知道他心里关心的是什么，想的是什么，审察他的真正意图，了解他爱好什么、厌恶什么，然后就对他最关注的事情进行游说。用引诱之辞投其所好，进一步控制住他。

如果把"飞箝"之术运用于人，就要揣度对方的智能，权衡对方的才气实力，估量对方的气势，把这些作为关键去迎合他、顺随他，或以钳制之法调和他，用我们的意图去开导启发他，这就是用飞箝之术去控制人，从而得到诸侯之权，为己所用。

假使用"飞箝"之术说服一些有才干的贤能之士为我所用，就要先用言辞赞美歌颂对方，让对方随我所愿，使对方能心悦诚服地来为我效劳。研究对方的言辞，摸准他的心意，进而控制对方，这样就可钳制对方使他直行，使他横走，导引他或向东，或向西，或向南，或向北。也可引向反面，也可把他引向倾覆。虽然覆败，但还能重新振作，不论如何做，都要把握好一定的度。

【感悟】

积极地发现别人的优点，扬人之长，是观察、分析、判断一个人的着眼点。从言论、感情和行为上对这个人加以刺激，使其产生感恩的心理，有利于使其归附。

运用飞箝之术去说服上层人物，要仔细估量对方的智能，权衡对方的财力，揣度对方的气势，以迎合顺随的态度去获得对方的信任，然后对方才能听从你的计谋。

【故事】

周武王作战

公元前11世纪，在我国历史上属商朝的末期。当时，商纣王暴虐无道，陕西有个叫周的部族首领叫姬发（周武王），他开始兴兵讨伐纣王。

周武王亲自率领300辆战车，3000名勇士，还有45000名穿着盔甲的士兵出潼关，驻扎在黄河北岸。

周武王知道，对付纣王，光凭自己手中的这点兵力还是不够的。所以，他又联合了西南的八个部族，在距当时的商都——朝歌70里的牧野（今河南淇县西南），举行誓师大会，声讨纣王的罪行。

周武王在这个誓师大会上宣读的誓词名叫《泰誓》，"同心同德"就出自这里。

《泰誓》中称，纣王虽然有很多的奴隶，但他们思想不统一，信念也不一致；而我方虽然只有治国的能臣10人，但思想统一，信念一致。《泰誓》中接着还有一段话：大家要团结一心，为同一个目标共同战斗，就一定能够取得胜利，建立功勋，让天下永远享受太平。

当时所有的将士，听了周武王的誓词后，斗志昂扬，军心大振。此后，在牧野与前来应战的商朝大军展开了血战——这就是历史上著名的"牧野之战"。

商朝的将士和奴隶不愿为纣王卖命，在激烈的战斗中纷纷倒戈，发动起义。结果是纣王兵败自焚，商朝从此灭亡了。周武王建立了新的王朝——周朝。

纣王与民众离心离德，最后国破身亡；武王与民众同心同德，取得了胜利。一反一正，两相对照，我们不难发现，一个国家民族内部团结，同心同德，该是多么重要。

第六章

忤 合

　　"忤合"讲的是灵活应变的谋略，鬼谷子认为，世间
的事物没有永远高贵的，也没有永远居于权威地位的，圣
人应该"无所不作""无所不听"，使用"忤合"之术达到
自己的目的。

忤合^①第一

凡趋合倍^②反，计有适合。化转环属，各有形势。反覆相求，因事为制。是以圣人居天地之间，立身、御世、施教、扬声、明名^③也，必因事物之会，观天时之宜，因知所多所少，以此先知之，与之转化。世无常贵，事无常师。圣人常为，无不为，所听，无不听。成于事而合于计谋，与之为主。合于彼而离于此，计谋不两忠，必有反忤^④。反于此，忤于彼；忤于此，反于彼，其术^⑤也。

用之于天下，必量天下而与之；用之于国，必量国而与之；用之家，必量家而与之；用之身，必量身材能气势而与之。大小进退，其用一也^⑥。必先谋虑计定，而后行之以飞箝之术。

【注释】

①忤合：忤，抵牾、悖逆的意思。合，符合、不违背的意思。忤合，在这里是指以忤求合，先忤后合。

②倍：通"背"。

③明名：彰明名分。

④忤：有意模糊或错置双方的分歧点。

⑤术：指反忤之术。

⑥大小进退，其用一也：事大事小，欲进欲退，运用反忤之术的道理是一样的。

【译文】

无论是凑上前去迎合人，还是转过身来背离他，计谋都要得当。事物的发展变化，就像圆环旋转一样，各自呈现不同的形势。因此，应该反复探求事物的连续性和独立性，根据不同事态，制定不同的措施。圣人在天地之间立身处世，其作用就是实施教化，弘扬名声，阐明事物名分，必须依据事物转化的时机，寻找适宜的天时，以此预测需要实施多少政教，根据它们的变化确定自己的方针决策。世上没有永远高贵的事物，做事情没有永远不变的法则。圣人做的事，没有什么不包括在内的；圣人所听的事，没有什么听不到的。假如哪位君主办事能成功，计谋与己相合，就选择他为自己的君主。这些计谋，如果合于那一方，就会与另一方发生矛盾。计谋不可能对双方都有利。因此必须有"反忤"之术。如果与这一方利益相合，就必然违背那一方的利益；如果违背这一方的利益，就必定适合那一方利益。这是反忤之术的基本法则。

把这种忤合之术应用于天下，必须要先考虑天下的情况，制定措施再决定合于谁。如果应用到诸侯国，一定要先考虑各诸侯国的情况再决定合于谁。如果把它应用到一户人家，必须要先了解这家人的实际情况，再决定合于谁；如果把它应用到一个人身上，必须要考虑那个人的才智、能力、气度，再决定怎样做。无论对象、范围的大小或策略的进退，反忤之术运用的原则都是一致的，一定要先谋划考虑好，心中计谋已定，决定去留，然后用飞钳之术来实现它。

【感悟】

运用忤合之术，要注意言谈的顺逆，有时需要迂回曲折，有时要不怕忤逆人性，力陈事实，坚持真理。当对方认识模糊时不妨寻求暂时合作以进一步观察认识对方，然后再做打算。

【故事】

武安君坑杀降兵

秦昭王四十七年（公元前260年），秦国派左庶长王龁攻打韩国，占领上党。上党的百姓纷纷逃往赵国。赵国派兵驻扎在长平，以便阻挡上党的百姓。四月份，王龁攻打赵国，赵国派廉颇为大将，率军抗秦。秦军屡次挑战，赵军皆不出来应战。

赵王为此屡次责备廉颇。这时，秦国宰相应侯派人携带千金到赵国实施反间计，说："秦国所痛恨和惧怕的只有马服子赵括将军，而廉颇并没有什么可怕，马上就要投降了。"赵王听到秦这些反间的言论，于是就派赵括代替廉颇领兵抗击秦军。

秦国听说马服子赵括做了赵军主帅，就暗中派武安君白起担任上将军。王龁为尉裨将，传令军中，谁敢泄露武安君白起为上将的消息，就立即斩首。赵括到了前线，就率兵出击，攻打秦军。秦军假装失败逃跑，又布置两支骑兵准备偷袭。赵军乘胜追击，直到秦军的壁垒，秦军的壁垒坚不可摧，赵军攻不进去，而秦国的二万五千骑兵断绝了赵军的退路，又有一支五千人的骑兵部队把赵军阻绝在壁垒间，赵军被分割成两部分，并且运粮道路被堵绝。

这时，秦国又派出轻便的精锐部队进攻赵军。赵军战势不利，就高筑壁垒防守，等待救援部队的到来。秦王听说赵军的粮道已绝，就亲自到河内，赐予百姓各一级爵位，征调十五岁以上的壮丁，全部集结到长平，以便阻绝赵国的援军及粮草。

到了九月份，赵军已有四十六天没得到粮食了，就暗中残杀相食。攻打秦军壁垒的部队想突围出去。他们分为四队，冲了四五次，没能够冲出去。主将赵括亲自率领精锐部队上阵搏杀，结果被秦军射死。赵括的部队溃不成军，士卒四十万人投降武安君白起。白起认为赵国的士兵反复无常，便将其全部活埋，只留下二百四十个年幼的小兵放归赵国。赵国百姓大为震惊。

忤合第二

古之善背向者，乃协四海、包①诸侯，忤合之地而化转之，然后以之求合。故伊尹五就汤，五就桀，然后合于汤。吕尚三就文王、三入殷，而不能有所明，然后合于文王。此知天命之箝，故归之不疑也。

非至圣人达奥，不能御世；不劳心苦思，不能原事；不悉心见情，不能成名；材质不惠，不能用兵；忠实无真，不能知人。故忤合之道，己必自度材能知睿，量长短、远近孰不如，乃可以进，乃可以退；乃可以纵，乃可以横。

【注释】

①包：容纳。

【译文】

古代善于实施忤合之术的人，能够协调天下各种势力，包举天下诸侯，在或者相违背或者相和合的不同地方变化转动，然后选择明君，与他合作共事。所以，伊尹曾五次辅佐商汤，五次辅佐夏桀。然后才决定辅佐商汤夺取天下。吕尚曾三次辅佐文王成就霸业，三次臣服殷纣王。这是他们能知天命，所以就毫不怀疑地归附明主。

如果不能像圣人那样品行高尚，通达高深的道理，就不能立身处世，治理天下。不能聚精会神地苦苦思索，就不能探究事物的本来面目。不能尽心全力地去观察事物实情，就不能功成名就。如果自己才能气质不佳，不够聪明，就不能用兵；为人忠厚朴实没有真知灼见，就不能真正了解人。所以要用"忤合之术"，自己必须估量一下自己的才能智慧，衡量一下自己的长处和短处，看哪方面他人不如自己，然后才可以决定自己是从政，还是隐退，才可以决定是采取合纵还是连横的策略。

【感悟】

客观事物变化多端，要尊重客观规律，从实际出发，对时势做深刻的分析，同时要突破常规思维，随机应变，清醒地估量自己的长短优势，只有这样才能进退自如地运用忤合之术。

【故事】

夫差的目的

公元前486年，夫差为攻打齐国，动用大量的人工挖掘运河，直通淮河，贯通了长江和淮河两大流域。如此而来就可以利用运河率领水军从水路攻打齐国了。

公元前484年，在艾陵（今山东省泰安市）打败齐军，抓获齐国的大将国书。齐国的副将高无丕几乎送命。夫差获胜，更让他相信水上进兵的方便。

于是他就征集了比上次更多的民工继续挖掘运河，北通沂水，西通济水。这样一来，吴兵从吴都坐船，一路可以从运河直上北方，从长江到淮河，再从淮河到泗水、沂水、济水。

巨大的挖掘运河工程完成后，南北水上交通方便了，夫差要做霸主的心愿就可以实现，但是吴国的人力、物力、财力都用得差不多了，如果再出现其他情况，就很难支持了。

周敬王三十八年、吴王夫差十四年、晋定公三十年、齐简公三年、鲁哀公十三年、卫出公十一年（公元前482年），夫差与鲁哀公、卫出公一起到了黄池（卫国的地方，今河南省封丘县西南），派人去请晋定公开会。

晋定公不想去。赵鞅劝他说："夫差这回亲自带着大队人马到中原来，气势非常强大。他诚心跟咱们挑衅。他派使者来请咱们去开会，这是'先礼后兵'的意思。如果不去，反而中了他的诡计。我想不如领着大队人马上黄池去，无论会发生什么事，到时候随机应变。"晋定公就带着赵鞅去会见吴王。

到订盟约时，他们为争次序，争执了很多天。次序先后关系重大，谁也不肯让步，会议陷入了僵局。

正在僵持着的时候，吴国派人来见夫差，偷偷报告说："越王勾践派范蠡为大将，亲自率兵攻打吴国。太子友、王孙弥庸已经阵亡；大将王子地抵挡不住，退到城里去了。情况非常紧急。请大王赶紧回去。"

夫差听了，心里虽然焦急万分，却不露声色。他说："咱们不能再跟晋国耗费时间了，你立刻把36000士兵准备好，明早就向晋君进攻，逼他订立盟约。"

王孙雄说："还是回去要紧。"夫差说："不这么办，怎么能回去啊？晋国不敢跟咱们对抗。不把会盟办完撤兵，赵鞅会来为难咱们。"王孙雄和伯嚭很佩服吴王随机应变的能力。

第二天，天刚亮，夫差击鼓，36000兵打起鼓。赵鞅急忙派人打听。夫差说："天子令我主持会盟。晋侯不服，非要耽误时间，你就去对他说，无论答不答应都必须在今天给个答复。"

那人回去，告诉晋定公。鲁哀公和卫出公都在场，赵鞅劝晋定公让步，但夫差也得让步，中原诸侯才有面子。

晋定公派人对夫差说："天子既然有令，我们哪敢不听呢？贵国既然尊重天子，同样是天子的臣下。这吴王的称呼就不妥当。请把王号去了，改称'吴公'，我们听从吴公。"

夫差觉得他说的有道理，就用"吴公"的名义先"歃血"，晋侯第二个"歃血"，接着鲁侯、卫侯跟着"歃血"。黄池大会就这样"圆满而散"。夫差带军从江淮水路回去。

夫差害怕齐国、宋国不服，派使者上周朝见周敬王说："楚国不尊重天子，阖闾征伐楚国，把他打败。如今齐国也不尊重天子，只好出兵征伐。托天子洪福，打了胜仗，特向天子奉告。"天子连忙慰劳吴国的使者，捎话给夫差："伯父辅助王室，我就放心了。"周敬王还赐给夫差一张大弓和一块祭肉，以表明承认他为霸主。

吴王在半路上听到一个坏消息。士兵知道国内打了败仗，加上远途劳累，都无心打仗。越国的兵马经过几年训练，强大起来，两军交手，吴国的兵马就被打得七零八落。夫差问伯嚭："你不说越国绝不会背叛吗？现在这是怎么回事了？还不赶紧去跟越王讲和求饶！"

于是伯嚭就带着贵重的礼物来到越国兵营，跪在勾践面前，央求双方讲和。范蠡对越王说："吴国不是很快就会灭掉的，不如答应伯嚭，也算报答他从前待咱们的好处。"勾践答应跟吴国讲和，退兵回去了。这回黄池大会不只给越国一个进攻的机会，还引起了卫国和楚国的内乱。

第七章

揣 篇

　　所谓"揣"，就是揣测。鬼谷子认为，一个好的谋士，必须要善于揣测人的心理和事物的状态。包括国家的发展趋势，诸侯国的强弱，百姓的多少、贫与富等，只有做好"揣测"，才能更好地审时度势，权衡利弊得失。

揣①篇第一

古之善用天下者②，必量天下之权而揣诸侯之情。量权不审，不知强弱轻重之称；揣情不审，不知隐匿变化之动静。何谓量权？曰：度于大小，谋于众寡，称货财之有无，料人民多少、饶乏，有余不足几何，辨地形之险易，孰利孰害；谋虑孰长孰短；揆君臣之亲疏，孰贤孰不肖；与宾客之知睿，孰少孰多？观天时之祸福，孰吉孰凶？诸侯之交，孰用孰不用？百姓之心，去就变化，孰安孰危？孰好孰憎？反侧，孰辩能知。如此者，是谓量权。

【注释】

①揣：推测对方的心理。

②善用天下者：善于左右天下大势的人。

【译文】

古代善于利用天下情势，处理天下纷争，操纵天下局势的人，一定要衡量天下的权势，揣测诸侯的真实意图。如果不能详细慎重地衡量天下权势的变化，就不能够知道诸侯各国的强弱虚实的力量对比；如果对各诸侯的真实想法揣测得不够周密细致，就不能了解隐蔽变化的状况和不断变幻的情况。

什么叫量权？量权就是：要估量国家的大小，考虑其国兵力的多寡，估量一下这个国家财货的有无、人民数量有多少、是贫穷还是富有？哪些方面有余？哪些方面不足？分辨地形的险峻与平坦，哪里有利哪里有害？谋略方面，哪个谋略深远，哪个谋略短浅？君臣之间关系如何？哪一国君主亲近贤良接近小人？宾客的智慧，哪一国缺少智谋，哪一国足智多谋？还要观察天时，观察国家命运的发展趋势，看谁有祸，谁有福，谁凶谁吉？要考察诸侯之间的结盟关系，看哪个可用，哪个不可用？要观察民心向背和变化状况，看哪一方民心安定，哪一方民心思变？看百姓喜爱谁憎恶谁？能反复揣度而懂得这些事情，就叫作"量权"。

【感悟】

揣情旨在掌握对方的内情及个性特点，在充分分析和衡量天下大势的基础上，进一步做出相对准确的判断，才能正确地制定谋略，使对方接受自己的主张。

【故事】

胸有成竹的子产

公元前543年，子产做了郑国的正卿。第二年，随郑简公到晋国。晋国的宾馆门户低矮，车辆无法进去。子产毫不踌躇，命从人拆毁围墙，打开一个大大的缺口，把马车开了进去。晋国执政派人质问，口气倒并不严厉，只说："敝国是诸侯盟主，修建宾馆，用来接待各国宾客，如果大家都动手拆毁围墙，叫我们怎么办呢？"

子产下令拆墙的时候，早已胸有成竹，等你来问，便滔滔不绝地发了一通议论。他的话大概包含以下几点内容：

第一，郑国弱小，大国责令贡献，不敢拒绝。到了此地，晋君和执政不马上接见，我们不能不设法保存带来的贡品。

第二，从前文公做盟主，宫室简陋，接待诸侯的宾馆极其宽敞高大，接待的人员也都殷勤周到，"宾至如归"，既舒适，又安全。

第三，现在晋国国君的"离宫"（别墅）周围好几里路，诸侯的宾馆像是"隶人"的住房，门户狭小，容纳不下车辆，车辆又不能越过墙壁，加上盗贼横行，天灾常见，我们不拆墙壁，就无法保存贡品。请问贵国，我们应该怎么办？

晋人听了，自觉理亏，只得厚待简公，送他回国。

揣篇第二

揣情者，必以其甚喜之时，往而极其欲[1]也，其有欲也，不能隐其情；必以其甚惧之时，往而极其恶也，其有恶也，不能隐其情。

情欲必失其变。感动而不知其变者，乃且错[2]其人勿与语，而更问所亲，知其所安。夫情变于内者，形见于外；故常必以其见者，而知其隐者；此所谓测深揣情。

【注释】

①往而极其欲：顺着对方情绪，把对方的欲求推向极点。

②错：同"措"，措置、搁下。

【译文】

想要揣测实情，必须在他最高兴的时候前去，而且最大限度地刺激他的欲望。当他一产生欲望，就不能隐瞒真实意图。或者在他最恐惧的时候前去，而且最大限度地增强他的恐惧、厌恶。当他产生恐惧、厌恶时，就不能隐瞒自己的真实意图。

真情欲望必然早在他的情感发生极端变化时不自觉地表现出来，

如果感知了他的情感，却还不能了解他的变化，就暂且放开他，不同他交谈，而另去询问他亲近的人，了解他的爱好是什么。感情在内心发生变化的人，必然从外部表现出来。所以必须经常观察他举止的外在表现，而了解他内心隐藏的感情，这就是所说的揣测他人内心深处而揣度真情。

【感悟】

人的真实感情往往都是在极端喜悦或极端恐惧的时候表现出来的，因此要了解一个人的真实情感，只要想方设法使他极端高兴或极端害怕就可以达到目的。

【故事】

伍员秦庭之哭

春秋时，楚平王无道，父纳子媳，宠信奸臣费无忌，毁法乱纪，并杀太师伍奢及其大儿子伍尚。次子伍员，出奔吴国。伍员，字子胥，偷渡昭关，来至吴市，无以为生，吹箫乞食。

伍员在逃亡吴国的途中，曾遇到楚故人申包胥。申包胥问其何往？伍员将平王杀害父兄之事，如实告之。包胥说："平王虽无道，君也。足下世受国恩，君臣之分已定，奈何以臣而仇君？"伍员说："父母之仇，不共戴天，桀纣诛大臣，唯无道也。楚王纳子媳，弃嫡嗣，信谗妄，戮忠良，我必须到吴请兵，扫荡楚国污秽，以报亲仇。"

包胥说："我要教你借兵报楚，则为不忠，若教你不报，又陷你于不孝。你好自为之吧。你对我说的话，我绝不告诉别人。不过，我应该告诉你的，只有两句话，那就是——你能覆楚我必能存楚，你能危楚我必能安楚。"

伍员到了吴国，见知于公子姬光（后来专诸刺杀了吴王僚，姬光继位，也就是吴王阖闾）。姬光将他推荐给吴王僚，拜为大夫。

吴国因楚太子建之母遭受攻击，求救吴国，吴王僚遣姬光迎建母于郧城。楚平王大怒，出师伐吴，吴亦兴师抵抗。适楚军统帅阳疵暴毙，随从的诸侯军队，各自慌张，吴军在姬光的策划下，大破楚军。吴军乃取建母楚夫人而归。楚平王见吴军势大，忧虑成疾，久治不愈而死。太子珍即位，为楚昭王。

伍员在吴，听说平王已死，痛哭流涕，姬光怪而问之。伍员说："我非哭楚王，恨我不能在其生前枭其首，以雪我恨，故痛哭也。"

姬光继位吴王后，楚侵蔡，蔡侯求救于吴。伍员说吴王兴兵，拜孙武为大将，伍员、伯嚭副之。出兵六万，援蔡伐楚。

孙武是历史上有名的军事家，用兵如神。伍员又报仇心急，再加上楚师统帅囊瓦是个贪贱之辈，故不久楚军即落败，楚昭王逃出郢都。伍员未能活捉昭王，而平王又死去多年，恨无可雪，遂掘平王墓，鞭尸300，以解其恨。

申包胥逃避夷陵，闻伍员掘墓鞭尸，认为做得太过。他致书伍员，必践复楚之约。他想到楚昭王之母是秦哀公的女儿，秦楚有舅甥之谊。包胥乃求救于秦，星夜西驰，足蹏俱裂，到雍州，见秦哀公说："寡君失社稷，逃草莽，乞念甥舅之情，兴兵解围。"哀公说："我自保不暇，安能济人？"包胥说："秦楚边界，楚灭将及于秦，存楚即固秦，楚亡，秦亦不保也。"

秦哀公意未决。包胥不居驿馆，不解衣冠，立于秦庭之中，昼夜号哭，不绝其声，前后七日，哀公惊讶曰："楚有此贤臣，尚至于此。寡人无此贤臣，吴更不能容我矣。"遂起兵救楚。

揣篇第三

　　故计国事者，则当审权量；说人主，则当审揣①情；谋虑情欲必出于此。乃可贵，乃可贱；乃可重，乃可轻；乃可利，乃可害；乃可成，乃可败，其数一也。故虽有先王之道、圣智之谋，非揣情、隐匿无所索之。此谋之大本也，而说之法也。常有事于人，人莫先，先事而至，此最难为。故曰："揣情最难守司。"言必时其谋虑，故观蜎飞蠕动，无不有利害，可以生事美。生事者，几之势也。此揣情饰言成文章而后论之。

【注释】

　　①揣：估量。

【译文】

　　谋划国家大事的人，就应当详细衡量权势；如果游说君主就应当周详地揣度他的真实意图。一切谋略情欲，都可用这种揣测之术揣度出来。掌握了这种技术，就能够使人富贵，也能使人贫贱；能够使人受尊重，也能让人被轻视；能够使人获利益，也能让人受祸害；能够使人成功，也能让人失败。其中的揣术道理是一致的。所以说，即使有以前圣明君主的治国方法，有圣人聪明之士的谋略，如果没有揣情之术，就不能揣测那些隐匿的东西，就无法有效地实施策划。揣测之术是谋略的根本游说的法则。善于揣情的人，经常与别人接触谋事，但没有谁能超过他，在事情发生前便能测知将要发生的事件，这是最难做到的。所以说，揣情术最难掌握，尤其难掌握别人的内心谋略。因此当看到

蚊子的飞动和虫子的蠕动时，都包含着它们的利害关系，能够使事物
发生变化。事物发生变化，往往形成一种极微妙的势态。这就是揣情
术，揣情讲求修饰言辞，使说词有条理，有煽动性，富于文采，然后
再进行论说。

【感悟】

人的内部感情虽然可以隐藏得很深，但人的行为大都同一定的利
益相联系，仔细地观察人的言论和行为，从中发现人的真正目的，就
好采取相应的行动了。

【故事】

孝文帝迁都

魏孝文帝一心想把都城迁到洛阳，这样就可以更好地吸收汉族的
先进文化。可是他怕遭到大臣们反对，便想了一个策略，在一个阴雨
的天气选择行军伐齐。

那天，路又滑又泥泞，行军发生困难，从将军到士兵都很不适应
这样的天气。但孝文帝还是坚持行军。大臣们原本就不想出兵伐齐，
这时候便纷纷出来反对。

孝文帝说："我们30万大军已经走了这么远了，如果返回去，岂
不是被人笑话？"

大家听了，也不知该说什么好。一个贵族说："只要您同意停止
伐齐，哪怕迁都洛阳，我们也愿意。"

大臣们虽然不赞成迁都，但是为了停止继续向南去伐齐，也都只
好表示同意迁都。

就这样，魏孝文帝的目的达到了。

第八章

摩 篇

本篇与《揣篇》是姊妹篇。"摩篇"讲的谋略是：要像钓鱼一样，一次次地去引诱它作出反应，耐心地等待其上钩，在不知不觉中获得成功。

摩篇第一

摩[1]者，符也，内符者，揣之主也。用之有道，其道必隐。微揣之以其所欲，测而探之，内符必应，其应也，必有为之。

故微而去之，是谓塞窬、匿端、隐貌、逃情，而人不知，故能成其事而无患。摩之在此，符之在彼。从而应之，事无不可。

【注释】

①摩：研究琢磨，摩言切近。

【译文】

琢磨试探是揣测的方法，内符是揣测的主体。运用摩意这种揣摩之术是要遵循一条基本原则和规律的，就是必须要隐秘才行。暗中对人实施摩意术，以对方的欲望巧妙地琢磨他，揣测他，他的内心想法必定会表现出来。这种反应一旦表露，必然有所作为。

这时就要略为揣摩而巧妙离开，这就是所谓的"堵塞地窖、隐藏外形、掩饰真情"，也就是把自己深深地隐藏起来，泯灭自己开始的所言所行，而不让人们知道真情，所以事情能成功而没有祸患。在这里对别人实施琢磨试探的摩意术，对方必然有所反应，采取行动，然后就跟从他，应和他并掌握他，这样没有什么办不成的事情。

【感悟】

摩意就是把自己的真实意图隐藏起来，不使对方知道，然后触动对方的情绪使之表现出来，然后制定相应的策略。只要事情做得隐秘，没有不成功的。

【故事】

孙子练兵

春秋时，伍子胥推荐齐国人孙武到吴国任大将，孙武去见吴王阖闾。阖闾问他用兵的方法。孙武把自己写的十三篇兵法送给他。

阖闾看了说："十三篇兵法既简明扼要又精练纯粹，可是吴国国小兵微，怎么办？"孙武说："有了兵法，只要大王有决心，不仅男子，就是女子也行。男男女女，全都能够打仗！"阖闾笑着说："女人怎么能打仗，这不是闹笑话吗？"孙武一本正经地说："如果大王不相信我，请先拿宫女们试一试。如果不能把她们训练得跟士兵一样，我愿意认罪受罚。"阖闾派了一百八十名宫女，让孙武操练。孙武请阖闾挑出两个爱妃当队长。最后，孙武请求说："军队最重要的就是纪律。虽说拿宫女们试试，也得讲究纪律。请大王派个执掌军法的人，再给我几个武将当助手。"阖闾都答应了。

一百八十名宫女全部穿戴着盔甲，手执兵器，在操场上集合。孙武首先制定了三道军令："第一，队伍不许混乱；第二，不许吵吵闹闹；第三，不许故意违背命令。"接着，他把宫女们排成队伍，操练起来。那两个妃子队长觉得她们穿上军衣，拿着长枪、短刀，只是来玩耍而已，就带头嘻嘻哈哈地不听命令，其他宫女也跟着笑闹成一团。她们或坐，或站，或摆姿弄势，或来回奔跑，简直不把操练当一回事。

孙武传令，叫她们立即归队立正。其中还是有人不停地说笑，不听从命令。孙武传了三次令，那两个妃子队长和宫女还是嬉笑如故。

孙武大怒，瞪着眼睛大声地跟那个执掌军法的人说："士兵不听命令，不服约束，按照军法应当怎么处治？"军法官连忙跪下，说："应当斩首！"孙武就发出命令，说："先把队长斩了，做个榜样。"武士们就将两个妃子队长绑起来，吓得宫女们全都花容失色。

　　阖闾在高台上远远地看着孙武操练宫女，忽然看见两个妃子被绑上了，立刻打发伯嚭去说情，说："我已经知道将军用兵的才能了。这两个妃子是我最疼爱的，请饶了她们吧！"

　　伯嚭急忙来见孙武，传阖闾命令。孙武说："军中无戏言。既然大王让我做将军，就得由我管理军队。要是不把犯法的治罪，以后我还能够指挥军队吗？"最后孙武还是处死了阖闾的这两个妃子，又挑了两个宫女当队长，才重新操练起来。这批宫女在孙武严厉的训练下，居然操练得有模有样。

　　阖闾虽然佩服孙武的兵法，但心里却仍不太愿意重用他。伍子胥对阖闾说："大王准备征伐楚国，领导各国诸侯，做一番惊天动地的大事业，就非得有个像孙武那样的大将不可。"阖闾经他这么一说，才拜孙武为大将，又称呼他为军师，嘱咐他为征伐楚国做准备。

摩篇第二

　　古之善摩者，如操钩①而临深渊，饵而投之，必得鱼焉。故曰："主事日成，而人不知，主兵日胜，而人不畏也。"

　　圣人谋之于阴，故曰"神"；成之于阳，故曰"明"②。所谓"主事日成"者，积德也，而民安之，不知其所以利；积善也，而民道之，不知其所以然；而天下比之神明也。"主兵日胜"者，常战于不争不费，而民不知所以服，不知所以畏，而天下比之神明也。

【注释】

①操钩：拿着钓钩。

②谋之于阴，故曰"神"；成之于阳，故曰"明"：暗中设某为神，公开成事为明。

【译文】

古代那些善于运用摩意之术的人，就像拿着钓竿面对深渊，把带有鱼饵的钓钩投进水中去，必定能钓上来鱼一样。所以说，掌握摩术，如果主持政事，就会成绩一日比一日更大，但却没有人知道。主持战事，就会每天都能打胜仗，一天比一天取得更大的胜利而不易被人发觉，因而没有人畏惧。

圣人在暗中运筹帷幄，而称为"神"。成事在公开处，而称为"明"。所说的主持政事一天比一天取得成效，是由于积累德政，使人民安居乐业，却不知是谁给予的利益和好处的缘故；积累善行，人民都顺从遵循着做，却不知道为什么这样做。而天下人把这样的圣智之人比作"神明"。所说的主持军事日胜的人，他们经常是不战自胜，不劳民伤财，使百姓不知不觉地归顺，不知不觉地畏惧，还不知道为什么，因此天下人就把这使用摩术的做法比作"神明"。

【感悟】

如同钓鱼一样，鱼吃着饵还不知是在钓鱼，运用摩意之术，贵在做到神不知鬼不觉，让人在不知不觉中就接受自己的主张。要做到这一点，必须暗中进行谋划，而后以公开的方式摆到明处来运用，让人自愿地随我之意上钩。

【故事】

颜率游说齐宣王

秦国兴兵进逼周国，要索取九鼎，周显王很忧虑，就将此事告诉大臣颜率。颜率说："大王不必担心，我愿东下齐国借救兵。"

颜率到齐国，对齐宣王说："秦国的行为大逆不道，竟兴兵进逼周室，索取九鼎。周国君臣上下仔细考虑后认为，与其给秦国，还不如把它送给贵国。你们若保全危亡之国，会得到美名；获得九鼎，又得到很大的好处。请大王考虑。"齐王听了大喜，就派五万军队，让大臣陈臣恩率领，前去救援周国。秦兵因此就撤退了。

齐国准备索取九鼎，周显王又担忧了。颜率说："大王不要担心，我愿东去齐国，解决这个问题。"

颜率到齐国，对齐宣王说："周室全仗贵国的仁义，君臣父子才得以保全。我们愿意献出九鼎，但不知贵国从哪条路把它运到齐国？"齐王说："我准备借道魏国。"颜率说："不行。魏国君臣也想得到九鼎，他们在晖台之下、沙海之上谋划了很久了。九鼎进了魏国，必定出不来了。"齐王说："那我就借道楚国。"颜率答道："不行啊，楚国君臣也想得到九鼎，他们在叶庭之中已经谋划很久了。九鼎进了楚国，必定出不来了。"

齐王说："我们到底从哪条途径把它运到齐国呢？"颜率说："我们也替大王犯愁。这鼎么，不能像醋瓶子、酱罐子，可以揣在怀里，挟在胳肢窝里，或拎到齐国，也不能像鸟飞、兔子蹦、马跑那样，很敏捷地就到了齐国。从前周武王灭殷商，取得九鼎，每一只鼎就用九万人拉，九九八十一万人，人力、器械、衣物都要做相应的准备。现在大王即使有这么多的人力，但从哪条路走呢？因此我私下为大王担

忧。"齐王说:"您多次到这里来,原来还是不给呀。"颜率说:"不敢
欺骗贵国,请赶快定下你们从哪里走,我国准备迁运宝鼎,等待大王
下令。"齐王想了一想,无计可施,便作罢了。

摩篇第三

摩者:有以平,有以正,有以喜,有以怒①,有以名,有以行,
有以廉,有以信,有以利,有以卑。

平者,静也;正者,直也,喜者,悦也,怒者,动也,名者,发
也,行者,成也,廉者,洁也,信者,明也,利者,求也,卑者,
诌也。

故圣所独用者,众人皆有之,然无成功者,其用之非也。故谋莫
难于周密,说莫难于悉听,事莫难于必成。此三者,然后能之。

【注释】

①有以喜,有以怒:有人欣喜,有人激怒。

【译文】

在运用揣摩之术时,对不同对象采用不同方法,有的用平和,有
的用正直,有用使人高兴的,有用愤怒激将的,有用名声引诱的,有
用行为逼迫的,有用廉洁感化的,有用信义说服的,有用利益诱惑
的,有用谦卑对待的。

平和就是安静,正直就是刚正直率,讨好就是喜悦,愤怒就是恫
吓,名声贵在发扬,行动贵在成功,廉洁就是清高,信义就是光明正
大,利益就是追求,谦卑就是诌媚。

所以说，圣人所独自运用的"触摩之术"，众人都运用，然而众人都不能成功，那是由于他们运用得不正确。运用谋略最难做到的是周密详细，游说最难做到的是使对方全部听从自己的意见，做事最难达到的是一定成功。这三件事，只有掌握了触摩术的圣人才能做到。

【感悟】

人有七情六欲，而七情六欲总会以一定形式反映出来。以喜怒哀乐、名利廉信去触探他人的内心世界而看其如何反应，就可以了解这个人，进而采取相应的策略影响或控制他。

【故事】

魏绛和戎之策

春秋时期，诸侯各国互相攻伐，战事不休。晋、楚两个大国为争夺中原地区的霸权，更是经常发生冲突。晋厉公在位时，由于沉迷酒色，信任奸臣，随意杀害大臣，搞得晋国民心不稳，内乱不断。因此，楚国的势力渐渐占了上风。

公元前573年，晋大夫栾书、中行偃发动政变，杀死暴君厉公，并把住在国外的公子姬周接回国，拥立他为国君，称晋悼公。悼公年轻有为，举贤任能，革新朝政，节用民力，晋国又开始逐渐兴盛起来。

当时，晋国北方散居着许多少数民族游牧部落，他们被统称为戎狄，经常出兵侵扰晋国边境地区。公元前569年，无终部落的首领嘉父派使者孟乐带着贵重的礼品来找晋大夫魏绛，托他向悼公引见，请求晋国与诸戎结盟讲和。魏绛表示同意。魏绛面见晋悼公说明此事后，悼公不同意。悼公对魏绛说："戎狄贪而无亲，只能靠武力解决。"魏绛劝谏说："现在中原地区的兄弟国家经常受楚国欺凌，往往被迫屈服，他们盼望着晋国去援助。如果我们对戎狄用兵，万一中原有事，怎么还有力量去对付呢？"晋悼公觉得有道理，就采纳了魏绛的意见，并且派他主管"和戎"事务。魏绛亲自带着使命到北方戎狄各部去，与诸戎缔结了互不侵犯的盟约。从此，晋国基本上解除了后顾之忧，力量更加强大了。

当时的郑国，虽然是和晋同姓的兄弟国家，但由于楚国一再出兵攻打，无力抵御，只好背晋投楚。晋悼公非常恼火，决定会合宋、卫、齐、曹等12国军队对郑用兵，以示惩戒。公元前562年秋，诸侯联军直逼郑都新郑东门。郑简公感到十分恐慌，马上派王子伯骈去诸侯营中请罪求和。晋悼公同意讲和。为了表示谢罪，郑简公给晋悼公送去了许多礼物，其中有3位著名的乐师、16名歌伎，还有一批珍贵的乐器。

晋悼公感到十分高兴，他想起了魏绛和戎的功劳，决定把郑国送来的礼物分出一半，赏赐给魏绛。魏绛听后，谦逊地说："这完全是君王的威德和各位大臣的功劳。古书上说：'居安思危。'能思就会有备，有备可以无患。君王如果能够牢牢记住，就可以永远享受今天这样的欢乐了！"

摩篇第四

故谋必欲周密①，必择其所与通者说也②，故曰："或结而无隙也。"夫事成必合于数，故曰："道、数与时相偶者也。"

说者听必合于情，故曰："情合者听。"

故物归类：抱薪趋火，燥者先燃；平地注水，湿者先濡。此物类相应，于势譬犹是也，此言内符之应外摩也如是。故曰："摩之以其类，焉有不相应者？"乃摩之以其欲，焉有不听者？故曰："'独行之道'。夫几者不晚，成而不抱，久而化成。"

【注释】

①周密：周全、谨密。指思维镇密，没有疏漏。

②必择其所与通者说也：要选择与情感沟通、需求一致的人说谋。

【译文】

谋划要想周密，一定要选择理解自己的人一起谋划，所以说结交亲密就没有嫌隙。做事想成功，一定要符合揣摩之术。所以说道理、权术与时机三者必须相合，才能成事。

游说想要让人听从，一定要与对方思想感情相合，所以说感情相合别人才会言听计从。

所以世上万物都各归其类，比如把柴草抛向火中，干燥的必定先燃烧；往平地倒水，湿的地方水先被引过去。这就是物类互相应和的原理，在形势上也必然是这样。这就是说在外部触摩试探，必定会得到内心的应和。因此说用同类的想法去触摩试探，哪有对方不相互呼应的呢？顺着他的欲望去触摩试探，哪有不听从的呢？所以说触摩试探术是谋士的秘术，是唯一能行得通的办法。因而，见到事物的细微迹象便不失良机地采取行动，并不算晚。事情成功了而不自恃自喜，不被功名所束缚，久而久之定能达到教化天下的效果。

【感悟】

世界上万事万物都有各自的规律，按照不同的性质来实施"摩"之术，天长日久就一定会成功，这就是"内符"和"外摩"相适应的道理。

【故事】

心直口快的颜斶

齐宣王召见颜斶，喊道："颜斶你上前。"颜斶也叫道："大王您上前。"齐宣王满脸不悦。左右臣都责备颜斶："大王是一国之君，而你颜斶只是区区一介臣民，大王唤你上前，你也唤大王上前，这样做成何体统？"颜斶说："如果我上前，那是贪慕权势，而大王过来则是谦恭待士。与其让我蒙受趋炎附势的恶名，倒不如让大王获取礼贤下士的美誉。"齐宣王怒形于色，斥道："究竟是君王尊贵，还是士人尊贵？"颜斶不卑不亢回答说："自然是士人尊贵，而王者并不尊贵。"齐王问："这话怎么讲？"答道："以前秦国征伐齐国，秦王下令：'有敢在柳下惠坟墓周围50步内打柴的，一概处死，绝不宽赦！'又下令：'能取得齐王首级的，封侯万户，赏以千金。'由此看来，活国君的头颅，比不上死贤士的坟墓。"宣王哑口无言，内心极不高兴。

左右侍臣都叫道："颜斶，颜斶！大王据千乘之国，重视礼乐，四方仁义辩智之士，仰慕大王圣德，莫不争相投奔效劳；四海之内，莫不臣服；万物齐备，百姓心服。而即便是最清高的士人，其身份也不过是普通民众，徒步而行，耕作为生。至于一般士人，则居于鄙陋穷僻之处，以看守门户为生涯，应该说，士的地位是十分低贱的。"

颜斶驳道："这话不对。我听说上古大禹之时有上万个诸侯国。什么原因呢？道德淳厚而得力于重用士人。由于尊贤重才，虞舜这个出身于乡村鄙野的农夫，得以成为天子。到商汤之时，诸侯尚存3000，时至今日，只剩下24。从这一点上看，难道不是因为政策的得失才造成了天下治乱吗？当诸侯面临亡国灭族的威胁时，即使想成为乡野穷巷的寻常百姓，又怎么能办到呢？

"尧有九个佐官，舜有七位师友，禹有五位帮手，汤有三大辅臣，自古至今，还未有过凭空成名的人。因此，君主不以多次向别人请教为羞，不以向地位低微的人学习为耻，以此成就道德，扬名后世。唐尧、虞舜、商汤、周文王都是这样的人。所以又有'见微知著'这样的说法。若能上溯事物本源，下通事物流变，睿智而多才，则哪里还有不吉祥的事情发生呢？《老子》上说：'虽贵，必以贱为本；虽高，必以下为基。'所以诸侯、君主皆自称为孤、寡或不谷，这大概是他们懂得以贱为本的道理吧。孤、寡指的是生活困窘、地位卑微的人，可是诸侯、君主却用以自称，难道不是屈己尚贤的表现吗？像尧传位给舜、舜传位给禹、周成王重用周公旦，后世都称他们是贤君圣主，这足以证明贤士的尊贵。"

宣王叹道："唉！怎么能够侮慢君子呢？寡人这是自取其辱呀！今天听到君子高论，才明白轻贤慢士是小人行径。希望先生能收寡人为弟子。如果先生与寡人相从交游，食必美味，行必安车，先生的妻子儿女也必然锦衣玉食。"

颜斶听到此话，就要求告辞回家，对宣王说："美玉产于深山，一经琢磨则破坏天然本色，不是美玉不再宝贵，只是失去了它本真的完美。士大夫生于乡野，经过推荐选用就接受俸禄，这也并不是说不尊贵显达，而是说他们的形神从此难以完全属于自己。臣只希望回到乡下，晚一点进食，即使再差的饭菜也如同吃肉一样津津有味；缓行慢步，完全可以当作坐车；无过无伐，足以自贵；清静无为，自得其乐。纳言决断的，是大王您秉忠直谏的，则是颜斶。臣要说的，主旨已十分明了，望大王予以赐归，让臣安步返回家乡。"于是，再拜而去。刘向赞叹说："颜斶的确是知足之人，返璞归真，则终身不辱。"

第九章

权 篇

　　本章讲的是游说的谋略，鬼谷子认为：说话稳健的人，透出果敢和勇气；言语充满忧虑的人，会权衡利弊而令人信任；说话雍容镇静的人，辩论反而能取胜。鬼谷子在这里讲述的说话原则，曾影响了古今无数的善辩之士。

权^①篇第一

说者^②，说之也；说之者，资之也。

饰言者，假之也；假之者，益损也。

应对者，利辞也；利辞者，轻论也。

成义者，明之也；明之者，符验也。

难言者，却论也；却论者，钓几也。

佞言者，谄而于忠；谀言者，博而于智；平言者，决而于勇；戚言者，权而于信；静言者，反而于胜。

先意成欲者，谄也；繁称文辞者，博也；策选进谋者，权也；纵舍不疑者，决也；先分不足而窒非者，反也。

【注释】

①权：本意是秤砣，天平上用的砝码，可以衡量物体重量的变化。

②说者：道藏本为"说之者"，据乾隆本、嘉庆本改。

【译文】

所谓游说，就是劝说别人听从自己的主张；劝说别人，就要凭借利用其思想情绪。

修饰言辞，就要借助例证充实言辞的力量。借助言辞，就要增减话语以适合对方心理。

回答对方的疑问和诘难，一定要使用锋利的言辞；锋利的言辞，就是轻便灵活。

阐明主张的言辞要顺理成章，是为了便于人听懂。使人明白易懂，是为了与事实相符，用事实来验证。言辞或有反复使用的情况，是为了打消对方疑虑。诘难的言辞，是为了反驳别人的言论。反驳的目的是引诱对方说出心中所隐藏的机密。

用花言巧语说辞的，是想谄媚而得到忠心耿耿的美名；用阿谀奉承的说辞，是想炫耀说辞而得到聪明的美名；采取直来直去的言辞，是为了显出果决的样子，得到勇者的名声；故作忧愁的说辞，是想以装腔作势的方式得到忠信的名声；用稳重沉着的姿态说辞的，自己本有不足，想借助反驳别人来取得胜利。

在对方的意愿欲望还没有说出之先，就摸准了他的心愿，去迎合他、满足他的欲望，这就是"谄"。言谈时博采辞藻来炫耀的就是"博"；精选谋略而进献策略的，就是"权"；进退果断，该说则说，该止则止，毫不犹豫地表示态度，就是"决"；掩饰自己的不足，反过来责备他人的缺陷过错，这就是"反"。

【感悟】

想说服别人听从自己的主张，要用犀利的言辞陈述其中的利害，要让对方知道一意孤行的严重性，打动对方，使其自愿采纳自己的建议，按自己的意图办事。

【故事】

楚材晋用

春秋时期，公子归生（即声子）出访晋国。回国之后，令尹子木找他了解晋国的情况，令尹子木问道："晋国的大夫和楚国的大夫相比，哪国的大夫更贤能呢？"归生回答说："虽然晋卿不如楚卿，但晋国的大夫却非常贤能，几乎每个人都有做公卿的才能。好像杞木、梓木、皮革都是从楚国运去的一样，楚国的一些人才都流到晋国去了。这就是说，虽然楚国有人才，但只有晋国在使用他们，发挥他们的才干。"

接着，归生举了很多例子。如，楚庄王元年发生子仪之乱的时候，析公逃亡到晋国，晋国把他安排在晋侯战车的后面，让他做主要谋士，在靡角战役中，晋军失利，打算逃跑。析公建议说："楚军轻佻，很容易被动摇。如果齐擂战鼓，在晚上全军进攻，楚军一定会逃跑。"晋国人采纳了他的建议，果然大获全胜。

又如，雍子的父亲和哥哥诬陷雍子，国君和大夫们都反对他主持公道，雍子只好逃奔到晋国。晋国人给他封邑，让他做主要谋士。彭城战役中，晋军与楚军在靡角之谷交战，晋军就要战败了，雍子向军队发布命令说："年老的和年幼的都回去，孤儿和有病的都回去，兄弟二人一起服兵役的，回去一个，精选步兵，检阅兵车，喂饱战马，烧掉帐篷，明天决战。"结果，晋军把楚军打败了。又如，灵子逃到晋国，晋国人给他封邑，让他做主要谋士。灵子抵御了北狄，让吴国和晋国和好，教吴国背叛楚国，教吴人乘战车、射箭驾车奔驰作战等，给楚国带来了祸患。

又如，若敖叛乱中，伯贲的儿子贲皇逃奔到晋国。晋国人给他封邑，让他做主要谋士。在鄢陵战役中，楚军气势汹汹地逼近晋军，晋军想要逃跑时，贲皇建议说，楚军的精锐部队是中军王族，应集中力量攻击他们。晋军依计行事，结果大获全胜。

列举了这些事例之后，公子归生又谈到当前伍举被迫逃亡到郑国的事。令尹子木害怕了，连忙向楚王报告，增加伍举的官禄爵位，把他接回国内。

权篇第二

故口者，几关也^①，所以闭情意也。耳目者，心之佐助也，所以窥间见奸邪。故曰："参调而应，利道而动。"故繁言而不乱，翱翔而不迷，变易而不危者，观要得理。

故无目者，不可示以五色，无耳者，不可告也五音。故不可以往者，无所开之也；不可以来者，无所受之也。物有不通者，故不事也。古人有言曰："口可以食，不可以言。"言者，有讳忌也。众口铄金，言有曲故也。

【注释】

①口者，几关也：嘴是表达或隐瞒事情的器官。

【译文】

口是说话的器官，是用来倾吐和封闭内心情感的。耳朵、眼睛是心的辅佐器官，其作用是窥探事物的矛盾，发现奸邪的人和事。因此说，口、眼、耳三者要协调呼应，引导人们按照客观事物的发展规律去行动。所以，三者只要协调了，言辞虽繁多却不会纷乱；到处自由活动，在高空中四处飞动而不迷失方向；情况千变万化也不会发生危险。这是因为认清了事物的主旨，抓住了问题的关键，掌握了事物的发展规律。

所以眼睛看不见的人，不可以拿五色给他看；耳朵听不到的人，不可以拿五音给他听。不可以结交的原因是因为无法开通对方的心扉；不可以接纳的原因是无法使对方接受。像这样不能通窍的人和事物，圣人是不会去侍奉的。古人说过这样的话："嘴可以随便吃东西，不能随便说话。"说话就会触碰许多忌讳。这就是所谓众口铄金，因为言语有时也会歪曲事实。

【感悟】

每个人都有自己的忌讳，在言谈中如果不注意这个问题，就会触到别的人痛处，引起别人的反感。因此在言谈中不要忘乎所以，触及别人的忌讳，破坏彼此的友好关系。

【故事】

刘秀建立东汉

王莽篡汉后，加重了对百姓的盘剥，引起了百姓的强烈不满。因此各地不断有农民起义，此起彼伏。其中以"绿林军"和"赤眉军"的声势最为浩大。南阳地主豪强刘秀两兄弟带领的"绿林军"人马，接连几次打败了王莽的大军。

刘秀，字文叔，西汉末年南阳郡人，出生于西汉南顿县，即今河南省项城市，西汉皇族后裔，汉高祖九世孙。刘秀起兵是经过了深思熟虑和谨慎决断的，他见天下确已大乱，方才决定起兵！

公元22年，"绿林军"利用当时有些人的正统观念，提出"人心思汉"的口号，正式立刘玄为皇帝，恢复汉朝，改年号为"更始"。

不久，汉军攻破长安城，杀了王莽，维持了16年的王莽新朝就这样土崩瓦解了。刘秀两兄弟的名声越来越大，更始帝刘玄害怕极了，就找借口杀了刘秀的哥哥。

刘秀知道自己还不能与刘玄抗衡，便主动向刘玄赔不是。有人问起原来的功绩，他谦虚地说全是将士们的功劳。

更始皇帝过意不去，便封他为破虏大将军，派他去黄河以北安抚州郡官民。刘秀看到这是一个机会，公元25年，刘秀和他的随从认为进军的时机已经成熟，便自立为皇帝，他就是汉光武帝。

经过长达十数年之久的统一战争，刘秀先后平灭了更始、赤眉和陇、蜀等诸多割据势力，使得自新莽末年以来纷争战乱，长达20余年的中国大地再次归于一统。刘秀在位33年，大兴儒学、推崇气节，使东汉一朝成为我国历史上"风化最美、儒学最盛"的时代。

权篇第三

人之情，出言则欲听，举事则欲成。是故智者不用其所短，而用愚人之所长；不用其所拙，而用愚人之所工，故不困也。言其有利者，从其所长也；言其有害者，避其所短也。故介虫①之捍②也，必以坚厚；螫虫之动也，必以毒螫。故禽兽知用其长，而谈者知用其所用也。故曰：辞言五：曰病、曰怨、曰忧、曰怒、曰喜。故曰：病者，感衰气而不神③也；怨者，肠绝而无主也；忧者，闭塞而不泄也；怒者，妄动而不治也；喜者，宣散而无要也。此五者，精则用之，利则行之。

【注释】

①介虫：有甲壳的虫。

②捍：原本作"悍"，据他本校改。

③感衰气而不神：意即语言恍惚无力，缺乏精神。

【译文】

人之常情是只要说出话来都想有人听，做事都希望成功。所以聪明的人都不用自己的短处，而采用愚蠢人的长处；不用自己笨拙的一面，而采用愚蠢人工于技巧的一面，所以聪明的人做起事来不会陷入困境。说出对对方有利的方面，是为了发挥他的长处；说出对对方有害的因素，是为了避开他的短处。因此那些甲壳动物保护自己，一定要用自己坚厚的甲。那些有毒螫的昆虫行动时，必定使用毒螫刺伤对方。可见禽兽都知道如何使用自己的长处，而对于游说的谋士来说，就更应该懂得如何利用自己的优点来达到目的。

所以说，游说中的言辞有五种，即病言、怨言、忧言、怒言、喜言。这五种有其一种，必然会失去中正平和，并导致游说不顺利。所谓病言，就是言谈中气力不足，没有神气像病人一样；所谓怨言，就是言语中显出伤心过度，说出没有主见的话；所谓忧言，就是言语中情志忧郁，说了思路不连贯的话；所谓怒言，就是像人怒火攻心，胡乱发泄而说出没有条理狂妄自大的话；所谓喜言，就是言谈中心情欢快、得意忘形而说出一些散漫毫无要领的话。

这五种言辞，只有精通它才能运用它，在情况有利时才能实行。

【感悟】

我们每个人都有自己的长处和短处，于己而言，就要避开自己的短处，充分发挥自己的长处；于人而言，即使别人比较愚蠢也必有其可取之处，那么就应避开别人的短处，而用其可取之处。

【故事】

荆轲刺秦王

秦王政重用尉缭，一心想统一中原，不断向各国进攻。他拆散了燕国和赵国的联盟，使燕国丢了好几座城。燕国的太子丹原来留在秦国当人质，他见秦王政决心兼并列国，又夺去了燕国的土地，就偷偷地逃回燕国。他恨透了秦国，一心要替燕国报仇。

后来，太子丹物色到了一个很有本领的勇士，名叫荆轲。公元前230年，秦国大将王翦占领了赵国都城邯郸，逼近了燕国。燕太子丹十分焦急，就去找荆轲，要他去刺杀秦王。荆轲说："行是行，但要挨近秦王身边，必得献上燕国最肥沃的土地督亢的地图和秦国将军樊於期的人头。"

公元前227年，荆轲和另一个武士秦舞阳从燕国出发到咸阳去。秦王政一听燕国派使者把樊於期的头颅和督亢的地图都送来了，十分高兴。朝见的仪式开始了。秦舞阳一见秦国朝堂那副威严的样子，不由得害怕得发起抖来。秦王政左右的侍卫一见，吆喝了一声，说："使者怎么变了脸色？"

荆轲回头一瞧，果然见秦舞阳的脸又青又白，就赔笑对秦王说："粗野的人，从来没见过大王的威严，免不了有点害怕，请大王原谅。"秦王政毕竟有点怀疑，对荆轲说："叫秦舞阳把地图给你，你一个人上来吧。"

荆轲从秦舞阳手里接过地图，捧着木匣上去，献给秦王政。秦王政打开木匣，果然是樊於期的头颅。秦王政又叫荆轲拿地图来，荆轲把一卷地图慢慢打开，到地图全都打开时，荆轲预先卷在地图里的一把匕首就露出来了。

秦王政一见，惊得跳了起来。荆轲拿着匕首追了上来，秦王政一见跑不了，就绕着朝堂上的大铜柱子跑。荆轲紧紧地追着。两个人像走马灯似的直转悠。

　　这时，官员中有个伺候秦王政的医生，叫夏无且，急中生智，拿起手里的药袋对准荆轲扔了过去。荆轲用手一扬，那只药袋就飞到一边去了。就在这一眨眼的工夫，秦王政往前一步，拔出宝剑，砍断了荆轲的左腿。荆轲站立不住，倒在地上。他拿匕首直向秦王政扔过去。秦王政往右边只一闪，那把匕首就从他耳边飞过去，打在铜柱子上，"嘣"的一声，直迸火星儿。秦王政见荆轲手里没有武器，又上前向荆轲砍了几剑。

　　荆轲身上受了八处剑伤，自己知道已经失败，苦笑着说："我没有早下手，本来是想先逼你退还燕国的土地。"这时候，侍从的武士已经一起赶上殿来，结果了荆轲的性命。台阶下的那个秦舞阳，也早就给武士们杀了。

权篇第四

　　故与智者言，依于博①；与拙②者言，依于辨③；与辨者言，依于要；与贵者言，依于势；与富者言，依于高；与贫者言，依于利；与贱者言，依于谦；与勇者言，依于敢；与过者言，依于锐。

　　此其术也，而人常反之。是故与智者言，将此以明之；与不智者言，将此以教之，而甚难为也。故言多类，事多变。故终日言，不失其类，故事不乱。终日不变，而不失其主。

　　故智贵不妄，听贵聪，智贵明，辞贵奇。

【注释】

　　①博：知识渊博，见多识广。

②拙：拙纳，不善言谈。

③辩：嘉靖抄本作"辩"，即口辩。

【译文】

跟聪明人说话，就要依靠渊博的知识；跟不善言谈的人交谈，就要靠能言善辩；跟能言善辩的人交谈，要简明扼要；跟地位高贵的人说话，要依靠气势；跟有财富的人说话，要显示出高雅廉洁；跟贫穷的人说话，要讲求实际利益；跟地位低贱的人说话，要态度谦恭；跟勇敢的人说话，要显示果断；跟愚蠢的人说话，要直接尖锐。

这就是说话的技巧，但是，人们常常反其道而行之。因此跟聪明的人谈话就用这些技巧去开导他；如果跟愚笨的人谈话就用这些技巧去教导他，却很难办到。因此论说有很多种类，事情也变化万千。整日说辩只要不偏离各种言辞的原则，那么所议论的事就会有条不紊。终日变化所论之事，也不会迷失论说的主题。

因此聪明的人最可贵的在于言谈中不妄加议论。听人讲话最重要的是听得清楚，智慧最重要的在于通晓事理，说辞最重要的是出人意料。

【感悟】

人的学识和社会背景都是不一样的，对于不同的谈话对象要采用不同的谈话方法。或依于博，或依于辩，或依于势，等等。只要掌握了这些方法，那么无论在谈话中谈论的是哪一方面的事情、在谈话过程中发生怎样的变化，你都会掌握主动权，说话有条不紊。

【故事】

孔子三缄其口

春秋时期，孔子周游列国，到达东周，参观周天子的祖庙。庙堂右边台阶前有一尊铜像，它嘴上贴着三层封条。

背上还刻有铭文说："这是古代说话特别谨慎的典范。要引以为戒啊，要引以为戒啊！不要多说话，多说话就多败亡；不要多管事，多管事就会多祸患。安乐时一定要警示自己不要忘乎所以，更不能去做使自己后悔的事情。别认为当时没什么祸患，其祸患将会很长久；别认为没有什么损害，其祸患将会很大；别认为没什么残害，其祸患将会蔓延；更别认为没有人知道，老天将会惩罚你。小火微光扑不灭，又怎能奈何熊熊大火；涓涓细流不堵住，就会汇成滔滔的江河；绵绵的丝线不剪断，就会织成罗网；不砍伐青青的幼树，待它枝繁叶茂之后，将需要更大的斧头。如果不能做到谨慎行事，就会酿成祸患；口有什么坏处呢？它是招祸之门。强暴蛮横的人往往死得很惨，争强好胜者必然会遇上对手；盗贼怨恨主人，百姓妒忌显贵。君子深知不可能压倒天下的人，所以甘落人后、甘居人下反而使人敬慕。取柔弱之势，居低下之位，谁也不能与之抗争。人们都趋向彼方，我独坚守此处；众人都盲目跟从，唯独我不肯随波逐流；内心蕴藏着自己的智慧，从不与别人比试技能高下；这样，即使身份尊贵，地位显赫，也没有人加害于我。大江大河之所以比众多的溪流更加源远流长，就是因为它地处低下之位。上天行事不分亲疏，常常保护好人。要以此为戒啊！要以此为戒啊！"

孔子看后，回头对弟子们说："你们要记住这些话！这些话虽然粗俗，但却切中事情的要害。《诗》上说：'小心谨慎，如面临深池，如脚踩薄冰。'能做到这样立身处世，就不会因说话而导致灾祸的发生了！"

第十章

谋 篇

　　此篇讲的是谋略。鬼谷子谋略可分为谋政、谋兵、谋交、谋人四个方面。也可分为上谋、中谋、下谋。上谋是无形的谋略，中谋是有形的谋略，下谋是迫不得已所使用的下下之策，它也能扶危济困，但费力伤物。以上三种计谋，相辅相成，可以制定出最佳的方案。

谋^①篇第一

为人凡谋有道^②，必得其所因^③，以求其情^④。审得其情，乃立三仪^⑤。

三仪者，曰上，曰中，曰下。参以立焉，以生奇^⑥。奇不知其所拥，始于古之所从^⑦。

故郑人之取玉也，载司南之车^⑧，为其不惑也。夫度材、量能、揣情者，亦事之司南也。故同情^⑨而俱相亲者，其俱成者也；同欲而相疏者，其偏害者也；同恶而相亲者，其俱害者也；同恶而相疏者，偏害者也^⑩。

故相益则亲，相损则疏，其数行也，此所以察同异之分，类一也。

故墙坏于其隙，木毁于其节，斯盖其分也。故变生于事，事生谋，谋生计，计生议，议生说，说生进，进生退，退生制，因以制于事。故百事一道，而百度一数也。

【注释】

①谋：谋划、手段、方法。

②凡谋有道：谋，指设谋、施说、提出主张。道，方法、规律。

③得其所因：得知其因由。因，指历史原因、外部原因。

④以求其情：推知其内情、欲求。

⑤三仪：指上智、中材、下愚而言。

⑥参以立焉，以生奇：假如参考三仪来评论人物，就可以施展卓越的策略。

⑦始于古之所从：并非现在开始的事情，而是自古以来就当作道，人人遵行的事。

⑧司南之车：即指南车，是装置有磁石的车，经常指向南方，以此作为定向之用，比喻判断正确。

⑨同情：与下文"同欲"义同，即情欲、追求一致。

⑩同恶而相疏者，偏害者也：假如二人同时遭受君主憎恨，但两人之间又互相有矛盾，受害者只能是其中一位。

【译文】

凡是谋划策略，必须要知道所面临事情的起因，然后探求它的真实意图。仔细审察研究这些情况，即可制定三仪。

所谓三仪，就是指上、中、下三者。三者相互参验，相辅相成，就能产生解决问题的奇谋良策，奇谋良策无不通达易行，从古代开始就是这样做的。所以郑国人去山里采玉石时坐着指南车，这是因为有了它就不会迷失方向。考察才干，估量能力，揣摩真情，也都要以一定指导思想为基础。

因此思想相同的人在事后仍旧保持亲密关系，是由于共谋大事取得了成功，大家都得了好处；情欲相同而事后关系疏远的人，是由于他们只有一部分人取得成功，获得了利益。同时被人憎恶而大家关系亲密，是由于大家一起受到了损害。同时被人憎恶而大家关系疏远，是由于只有一部分人受到了损害。

相互获取利益就能保持关系亲密，相互损害对方，就必然关系疏远。任何事情的道理都是这样。用这种方法观察同心还是异心，也是一样的道理。

墙壁倾颓是由于有了缝隙，树木的折断是由于有了节疤，这大概是它们的规律吧。所以事情是由于变化而产生的，事情是由于谋略而造成的，谋略是从计策中产生的，计划是从议论、讨论中产生的，议论是因为游说而产生，游说是因为进取而产生，进取是从退却而发生，退却是由于有制约而产生，因此用节制的办法来处理事情。可见任何事情的处理方式都是一样的，任何计谋的产生法则也都是这样的。

【感悟】

人的交往一般都是以一定的利益为基础的，对自己有利则相互间关系就亲密，对自己有害，相互间的关系就疏远。因此可以根据这个道理去观察人事，分析人事以利益去离间、引诱对方。

【故事】

阻止齐国的战争

齐国想进攻宋国，秦国派起贾前去阻止。齐国就联合赵国共同进攻宋国。秦昭王很生气，把怨恨都集中于赵国。赵国的李兑联合赵、韩、魏、燕、齐五国去攻打秦国，没有成功，于是就把诸侯的军队留在成皋，自己却暗中与秦国和解。同时又想和秦国联合进攻魏国，以此消除秦国对赵国的怨恨，另一方面也可以为自己取得封地。

魏昭王很不高兴。苏秦就到齐国去，对齐王说："我替您对魏王说：赵、魏、韩三国都遭受过秦国的威胁，这次联合进攻秦国，是因为赵国的缘故。如果秦、齐、燕、韩、魏五国联合进攻赵国，赵国必定会灭亡。如果秦国赶走李兑，李兑只有死路一条。现在去讨伐秦国，实际上是在救李兑的性命。如今赵国把诸侯联军驻留在成皋，暗中出卖诸侯，和秦国勾结媾和，并且已订立了和约，还想联合秦国一起来进攻魏国，图谋为李兑夺取封地，这么一来，大王您尊崇赵国究竟又得到了什么好处呢？况且，大王您曾经亲自北渡漳水去邯郸拜访赵王，献出阴、成之地，割让葛、薛，用来作为赵国的屏障，而赵国却一点不为大王效力。现在又把河阳、姑密两地分给李兑的儿子，而李兑却勾结秦国攻打魏国，以便夺取陶邑。

　　"大凡人只有通过比较才能知道贤与不贤，大王如果拿出对待赵国一半的诚意去联合齐国，又有哪个诸侯国敢图谋大王您呢？大王您如果为齐国助力，就不会有称臣朝拜的屈辱，也没有割地的损失。齐国因为大王为齐国助力，就会赶在燕、赵两国之前出动所有的军队，在两千里以外的地方作战，不管是攻城，还是野战，齐国军队都会为大王打头阵当先锋。攻下城邑，割取河东之地，全都献给大王。从此以后，秦兵进攻魏国，齐国没有一次不是越过边境前来援救的。请问大王您用来报答齐国的做法又是如何呢？韩国靠近楚国，距离齐国有3000里，大王却因此怀疑齐国，竟说齐国和秦国有私交。现在大王又扶持齐国的故相做国相，把赵将韩徐当作知己，把虞商当作贵客，大王难对齐国有怀疑吗？

　　"魏王听了这番话感到自己很理屈，所以很想事奉大王，特别怨恨赵国。我希望大王逐渐了解魏国而不要厌恶它。我请求替大王把秦国对魏国的怨恨转移到赵国去。希望大王您能暗中尊重赵国，而且不让秦国知道大王您看重赵国。秦国知道齐国看重赵国，那么我料想燕、韩、魏三国也必将看重赵国，而且都不敢和赵国对抗。这样，五国共同事奉赵国，赵国又与秦国结成联盟；赵国的地位一定会居于齐国之上。所以，我想让大王您使诸侯之间互相冲突，然后您暗暗从中进行调解。大王可使韩、魏、燕三国与赵国发生冲突，派公玉丹暗中调解；让赵国和韩、魏两国发生冲突，派大臣我去进行调解；让韩、赵、魏三国和秦国发生冲突，派顺子从中说和；让所有诸侯和楚国发生冲突，派韩从中调解。这样，诸侯都会背弃秦国而投靠大王，而且不敢私下与秦国交往。大王的邦交稳定以后，看与五国中的谁友好对您有利，再从中加以选择。"

谋篇第二

夫仁人轻货，不可诱以利，可使出费；勇士轻难，不可惧以患，可使据危；智者达于数，明于理，不可欺以诚，可示以道理，可使立功，是三才①也。

故愚者易蔽也②，不肖③者易惧也，贪者易诱也，是因事而裁之。故为强者积于弱也；为直者，积于曲也；有余者，积于不足也，此其道术行也④。

【注释】

①三才：指仁者、勇者、智者三种人才。

②愚者易蔽也：愚昧的人容易被蒙蔽。

③不肖：一般是称不孝之子为不肖。这里指不正派、品行不好、没有出息的人。

④此其道术行也：这在于计谋权术的巧妙运用。

【译文】

仁义之人轻视财货，故此不能用私利去引诱他，但可以让他们捐出财物；勇敢的壮士蔑视危难，所以不能用灾患去恐吓他，可以派他去抵御危难；有智慧的聪明人通达礼数，明白事理，不能用虚假欺骗他，可以用道理来晓谕他，使他建功立业。这是三种难得的人才。

愚蠢的人容易被蒙蔽，不肖的人容易被恐吓，贪婪的人易受诱惑，这就应该根据不同的情况采取不同的手段。所以，强是由弱不断累积而形成的，富足是由不足不断积累起来的。这是计谋权术的运用。

【感悟】

不同的人具有不同的强项和弱点，对待不同的人要采用不同的方法，要针对对方的弱点去要挟他，同时要顺随他的脾气和长处去利用他，这样就容易成功。

【故事】

魏王背道而驰

战国时，魏国有一个臣子，名叫季梁，曾奉命出使到外国。他在途中就听到魏王要出兵攻打赵国的都城邯郸。季梁就半路急急忙忙赶回都城大梁，拜见魏王。魏王听说季梁回来了，就觉得非常奇怪。他奉命出使，这么快就回来，难道有什么特殊的事故发生了吗？于是当即传命召见。季梁见到了魏王，他那一副满面灰尘的模样，魏王看了有点可笑，但还是忍住了问他："你是奉命出使的，这么快就回来，一定是中途折返，难道有什么重要事情，要告诉寡人吗？"

"是的，有一件重要而且紧急的事，要禀告大王。"季梁喘息着说。"有什么紧急的事，你说吧。"魏王说。

季梁一面喘着气一面说:"臣在途中,遇到了一位驾车的御者,挥着鞭子,叱着马,向北驰去。"

魏王笑道:"这是什么重要而又紧急的事,值得你中途折返向我报告吗?"

"启奏大王,问题在于他是到楚国去呀!"

魏王说:"到楚国自然是向南走,他为什么向北去呢?"

季梁说:"我说得十分紧急重要,就在于此。我当时就问乘车的主人:'你到楚国,为什么要向北方而去?'他对我说:'因为我驾车的这匹马,是一匹名驹,跑得很快,转眼就可以跑几十里。'我对他说:'你的马脚程虽快,可是越快越糟,因为你走的方向不对,到楚国是要向南去的,你为什么往北呢?'他说:'我带有足够的经费,这路途之上,我是不用担心的。'我说:'尽管你带的经费充足,可是你方向走得不对,永远也到不了楚国的。'他说:'不要紧,我的车夫有多年驾驭的经验,什么样的马他都能驾驭,更何况是一匹名驹,有日行千里的脚程,我还担心什么呢?'"

魏王不禁大笑起来:"这人简直是个疯子。他虽然有这么多优越的条件,可是他是背道而驰,楚国在南,他要向北,他的马快,御者精,这恰恰就更使他离楚国遥远了。"

季梁免冠顿首曰:"大王说的话一点不错,这人是背道而驰,愈向北则愈离楚国远。但大王平时尝以称王称霸自许,称雄天下自命。可是今天大王倚仗国势强,国土广,兵卒精,就准备进攻邯郸,取赵地来满足自己。依臣所见,大王愈对邻国用兵多,则愈离称王称霸的基业远甚,这正如臣在中途所见的那位去楚国而向北行的驾车者,是背道而驰啊!"

谋篇第三

故外亲而内疏者，说内^①；内亲而外疏者^②，说外。故因其疑以变之，因其见以然之^③，因其说以要之^④，因其势以成之，因其恶以权之^⑤，因其患以斥之。摩而恐之^⑥，高而动之，微而正之，符而应之^⑦，拥而塞之，乱而惑之——是谓计谋。

计谋之用，公不如私，私不如结^⑨，结而无隙者也。正不如奇，奇，流而不止者也。故说人主者，必与之言奇；说人臣者，必与之言私。

【注释】

①外亲而内疏者，说内：意谓对表面上亲密而内心深处却疏远的人要从内心深处去说动他。外，表面。内，内心。

②内亲而外疏：内里相亲而表面疏远。

③然：肯定，同意。

④因其说以要之：根据对方陈述的意见，归纳其要点，理解其讲话的本意。要，归纳。

⑤因其恶以权之：根据好恶去衡量他。

⑥摩而恐之：揣摩以使之恐惧。

⑦微而正之，符而应之：即用隐微的方法加以验证，使之自我矫正。符而应之，即以符验引证使对方的心理响应。

【译文】

表面亲近而内心疏远的人，和他交谈，就应当从内心方面去打动他。反之，表面疏远而志同道合的人，则要从外部同他改善关系。要使对方内外都亲，就应当根据对方的疑点来改变自己的计谋，根据对方的见解而肯定他，根据对方的言谈总结出对方的观点，根据对方的势力强弱去成就事业，根据他的好恶去谋划，根据他的忧患来排斥。如果他仍然没有改变，就揣摩他的心意而后去恐吓他，夸大事情的危害性去打动他，用事例证明，用符验引证他。假装拥护而敷衍他，扰乱他的思维，迷惑他的理智，进而控制他，这就是所说的计谋。

策划运用计谋，以公事的方式进行不如私下进行，私下进行不如与之结盟，结成巩固的联盟就没有间隙让敌方钻了。正规策略不如奇妙的策略，出奇计使之无法预料，就像流水一样不能阻止。因此游说人君时，必须先和他谈论奇策，游说人臣时，必须先他谈论私人的个人利益。

【感悟】

要想说动一个人，首先必须要清楚地了解他，看他是个什么样的人，有什么样的喜欢然后再对他实施计谋。以计谋而论，通常策略又不如奇妙的策略效果来得好。

【故事】

毛遂自荐巧立功

战国时，赵国都城邯郸被强大的秦国军队重重包围，危在旦夕。

为解救邯郸，赵王想联合另一个区域大国楚国共同抗秦。为此，他派亲王平原君到楚国游说。

平原君打算从自己数千名家臣中挑选出有勇有谋的20人随同前往，可挑来选去，只挑选出19名。就在这时，有一位宾客不请自到，自荐补缺。他就是毛遂。平原君上下打量了一番毛遂，问道："你是什么人？找我何事？"

毛遂说："我叫毛遂。听说为了救邯郸你将到楚国去游说，我愿随你前往。"

平原君又问："你到我这里，有多长时间了？"

毛遂道："三年了。"

平原君说："三年时间不算短了。一个人如果有什么特别的才能，就好像锥子装在囊中会立刻把它的尖刺显露出来那样，他的才能也会很快地显露出来。可你在我府上已住了三年，我还没听说你有什么特殊的才能。我这次去楚国，肩负着求援兵救社稷的重任，没有什么才能的人是不能同去的。你就留下来好了。"

平原君的话，说得很坦诚。但毛遂却充满自信地回答道："你说得不对，不是我没有特殊才能，而是你没把我装在囊中。若早把我装在囊中，我的特殊才能就像锥子那样脱颖而出了。"

从谈话中，平原君似乎觉得毛遂确有才能，于是接受了毛遂的自荐，凑足20名随从，前往楚国。到了楚国，平原君与楚王谈判。平原君详尽地讲了联合抗秦的必要性之后，要求楚王尽快地派出援兵去解救邯郸，可楚王不出声。他俩的谈判，从清晨谈到了中午，还没有谈判出个结果来。等在外面的20名随员，焦急起来了。

毛遂此来，因是自荐，所以那19名随员内心里看不起他，总觉得他有些自吹自擂。这时候，他们想看看毛遂到底有什么才能，于是怂恿他道："毛先生，谈判久久没有结果。你进去问问究竟怎么样？"

毛遂立即答应了。他紧紧地按着腰中的剑，来到楚王的跟前说：

"大王，楚赵联合抗秦，势在必行。这只是两句话便可以议定的事情。可是，从早晨到现在总也商议不出个结果来，这是为什么呢？"毛遂的出现与责问使楚王很不高兴。他不理睬毛遂，转身气愤地问平原君："他是什么人？"平原君说："他是我的随员。"

楚王气愤了，转身斥责毛遂道：

"寡人正与你的主人议事，你算是什么人，竟也上来插言！"

楚王的话，激起了毛遂的满腔愤怒。他抽剑出鞘，然后向楚王逼近两步，大声道："尊贵的楚王，你所以敢斥责我，不就是仗着你们楚国是个大国吗？不就是仗着这时候围在你身边的侍卫人多吗？不过，我现在告诉你，眼下在这10步之内，你国大没有用，你人多也没有用。你的性命就在我的手里，你叫嚷什么？"

经毛遂这么一说，楚王吓得满头是汗，不作声了。

毛遂又道："楚国是大国，应该称霸于天下。然而，你骨子里怕秦国怕得要死。秦国多次侵略楚国，占领了你们的许多地盘，这是多么大的耻辱呀！想起这些来，连我们赵国人都感到害羞。现在，我们来联合你们抗秦，说是为着解救邯郸，同时也是为你们楚国报仇雪恨。可是，你却这般怯懦。你这叫什么大王！难道你就不感到惭愧吗？"

在毛遂激昂的一席话面前，楚王惭愧得不知说什么是好了。

毛遂于是又说道："尊贵的楚王，怎么样？愿不愿意与我们赵国一齐抗秦呀？""愿意！愿意！"楚王满口应充。

楚赵两国签订了联合抗秦的盟约之后，平原君一行人很快就回到了邯郸。见了赵王，平原君说：

"我这一回出使楚国，多亏了毛遂先生。他那三寸不烂之舌，致使得咱们赵国重过九鼎大吕。他真比百万雄兵还要强啊！"

没过三天，毛遂的名字在赵都邯郸便家喻户晓了。现在这句成语常用于一个有才能的人勇于向别人推荐自己。

谋篇第四

其身内，其言外者，疏①；其身外，其言深者，危。无以人之近所不欲而强之于人②；无以人之所不知而教之于人。

人之有好也，学而顺之；人之有恶也，避而讳之，故阴道③而阳取④之也。故去之者，纵之，纵之者，乘之⑤。貌者不美又不恶，故至情托焉。可知者，可用也，不可知者，谋者所不用也，故曰："事贵制人，而不贵见制于人。"制人者，握权也，见制于人者，制命也。

故圣人之道阴，愚人之道阳；智者事易，而不智者事难。以此观之，亡不可以为存，而危不可以为安，然而无为而贵智矣。智用于众人之所不能知，而能用于众人之所不能见。

既用，见可，择事而为之，所以自为也；见不可，择事而为之，所以为人也。

故先王之道阴。言有之曰："天地之化，在高与深；圣人之制道，在隐与匿。非独忠、信、仁、义也，中正而已矣。"道理达于此义者，则可与言。由能得此，则可与谷远近之义。

【注释】

①其身内，其言外者，疏：身内，关系亲密、交情深厚。言外，说话不交心，只是表面应酬。疏，被疏远。

②无以人之近所不欲而强之于人：意谓不要用人家不需要的强加给人家。

③阴道：秘密谋划。

④阳取：公开夺取。

⑤去之者，纵之，纵之者，乘之：想要除掉的人，就要放纵他，任其胡为，待其留下把柄时就乘机一举除掉他。

【译文】

与关系亲密的人交谈，话语不亲密，关系就会疏远，与关系疏远的人交谈，如果深谈，就会有危险。不可把别人不喜欢的、不想做的强加于人，不要以别人不知道的去教导人。

别人喜欢什么，就应当顺从他；别人讨厌的，就极力避开不去谈论，要用隐而不露的方法获取对方的欢心。要排斥的人就放纵他，以放纵而使他作恶多端，然后乘机除掉他。如果某些人不随便表示喜悦，也不随便表示厌恶，这种人属于冷静而不偏激的人，因此可以把重大的事情托付于他。

能够了解、掌握的人，可以任用他。不能了解、掌握的人，有谋略的人是不会任用他的。做事最重要的在于控制人，而绝对不可以被别人控制。能控制住他人，就掌握了主动权。被别人控制，命运就掌握在别人手中。

圣人用谋隐而不露，愚蠢的人用谋显而易见，聪明人做事比较容易，愚蠢的人猜疑忌恨，做起事来比较困难。由此来看，那些要灭亡的事物是不可以挽回而让它继续存在的，危难局势也无法使它转危为安，只有智慧才是最高明的，智慧的人能知道一般人不知道的事，能发现一般人不能发现的问题。

既然这样，根据情况，能够成功，就选择一些事自己做，为自己打算；如果认为不行，也选取一些事情做，这就是为别人着想。

古代圣明帝王做事的方法隐而不露。常言道：天地变化，在于高深莫测。圣人处世治道的诀窍，在于隐晦不露，并不单纯讲求忠、信、仁、义，只要所用是为了正道即可。能够明白这种道理的真义，就可以和他谈论这些事情，如果能得到此道，就可以探讨天下的大道理。

【感悟】

做事贵在掌握主动权，掌握主动权就能控制别人，不掌握主动权就受制于人；谋事贵在秘而不露而不被人所知，这样事情成功的可能性就大。

【故事】

茅焦解衣服刑

战国末期，秦国国相吕不韦手下有一个舍人，叫嫪毐，受到秦始皇母亲的宠爱，与之私通，生了两个儿子，嫪毐被封为长信侯。他骄横跋扈，专断国事。他经常与皇上的宠臣一起饮酒作乐，大耍酒疯，和别人争吵、争斗。有一次，他大骂别人说："我是皇帝的继父，你这个穷小子，怎么敢与我作对！"被骂的人跑去报告了秦始皇，秦始皇大怒。长信侯害怕被秦始皇杀死，就发动叛乱，围攻咸阳宫。失败后，秦始皇下令车裂了他。同时秦始皇又将自己的两个幼弟装在口袋中摔死，将皇太后迁徙到萯阳宫（行宫），下令说："谁敢拿皇太后的事来劝谏我，就把他乱刀砍死，将棘刺扎在他的脊背和四肢上，把尸体堆积在城门之下。"后来有27人向秦始皇进谏，他们全都被处死了。

当时，有一个人叫茅焦，是齐人，要求劝谏秦始皇。秦始皇派使者对他说："你没有看见城门下堆积的尸体吗？"茅焦回答说："我听说，天上有28星宿，现在死去的人已经有27个了，我这次来，就是为了凑够二十八这个数。"京城中和茅焦一起吃住的同乡，全都背上自己的衣物逃走了。使者入宫禀报了秦始皇，秦始皇恼怒说："这个家伙故意来违抗我的禁令，赶快烧起鼎锅用开水煮死他！看他怎么能在城门之下去充数？马上召他入宫！"秦始皇按剑而坐，气得火冒三丈。

　　茅焦到了秦始皇面前，拜了两拜，起身致辞说："我听说，长寿的人不忌讳死亡，拥有国家的人不忌讳败亡。忌讳死亡的人不会因此活着，忌讳败亡的人不会因此而保全。死生存亡的道理，是圣明的君主都渴盼知道的，不知陛下是否想知道这些道理？"秦始皇说："你说这话是什么意思？"茅焦回答说："陛下有狂乱悖理的行为，您自己不知道吗？"秦始皇说："你指的是什么？我想听听。"茅焦："陛下车裂继父，有嫉妒之心；用口袋摔死两个弟弟，有不仁之名；将母亲赶走，有不孝之为；把棘刺扎在进谏的人的身上，有夏桀、殷纣一样的暴政。这一切全国上下都知道，人心涣散，没有人再拥护朝廷。我担心秦国将亡，很是替陛下担忧。我的话全都说完了，让我就刑吧。"于是，茅焦解开自己的衣服，伏卧在刑具上。秦始皇走下殿来，左手拉起他，右手挥退左右的人，说："赦免他！请先生穿起衣服，从今天起我愿意向先生请教。"于是秦始皇立茅焦为仲父，封以上卿的爵位。秦始皇立即带领千乘万骑，空着辇车左方的尊贵位置，赶到蕲阳宫，亲自把皇太后接到咸阳。皇太后大喜过望，大办酒宴款待茅焦。敬酒时，皇太后说："违抗错误的旨令而使之得到纠正，让败坏的事情重新得到成功，使秦国的政权得到安定，使我们母子团聚，全是茅君的功劳啊！"

第十一章
决 篇

　　此篇是关于决断的专论，与谋篇遥相呼应。鬼谷子认为决断主要着眼于两点：一点是难，一点是利，其实两者相辅相成。这是因为决断之后带来的后果，成功的话，会带来很大的利益，失败的话会带来很大的损失。决断的事情越大，这种利益得失也便越大。

决篇第一

为人凡决物，必托于疑者，善其用福，恶其有患①，害至于诱也，终无惑②，偏有利焉。去其利，则不受也，奇之所托，若有利于善者，隐托于恶③，则不受矣，致疏远④。

故其有使失利，其有使离害者，此事之失⑤。

【注释】

①善其用福，恶其有患：无论何人，得到福就高兴，而讨厌遇灾难。可见不论是福还是祸，都应慎重考虑之后，再决定办法。

②终无惑：最终不会陷入疑惑。

③隐托于恶：潜伏危险，隐寓殃祸。

④致疏远：会使意见分歧，关系疏远。

⑤事之失：决断的失误。

【译文】

凡是决断事物，一定要托付给善于决疑的人，人都希望自己有幸福，不喜欢自己有祸患。决疑的人因此要善于诱导，最后消除其疑虑和偏见。如果对方在某一方面有利益，一旦失去这种利益，对方就不会接受。如果对方想从中得到利益，你却把这种利益隐藏在对他不利的表面形式中，他也不会接受，并且会因此而疏远你。

所以，在决策方面如果使对方失掉利益，也有使对方离开灾祸的，这是决断事情的失误。

【感悟】

要想成就一番大事必须有非凡的决断力，智者之所以能够决断正确，处事成功，关键在于深谙事理，善于变通，因人因事而断。

【故事】

与楚国同争

宋国的向戎与赵文子友好，又与令尹子木友好，他想消除诸侯之间的战争并以此获得名声。他到晋国告诉赵孟。赵孟与各位大夫商量。韩宣子说："战争残害百姓，耗费财用是小国的大灾难。有人打算消除它，虽然说战争未必能消除，但一定要答应他。不答应，楚国将会答应，用来号召诸侯，我们就会失去盟主的地位了。"晋国人答应了他。到楚国，楚国人也答应了他。到齐国，齐国人先是有人为难他。但经过赵文子的劝说，也答应了他。告诉秦国，秦国也答应了他。他们都告诉小国，在宋国举行会盟。

鲁襄公二十七年（公元前456年）五月二十七日，晋国的赵武到达宋国。二十九日，郑国的良宵到达。六月初一，宋国人设宴招待赵文子，叔向是其副手。二日，叔孙豹，齐国的庆封、陈须无，卫国的石恶到达。八日，晋国的葡盈跟着赵武到达。十日，邾悼公到达。十六日，楚国的公子黑肱先期到达，与晋国相约好条件。

二十一日，宋国的向戎到达陈国，与子木共同约定这次消除战争的会盟有关楚国的诸言。二十二日，滕成公到达。子木对向戎说，请求晋国、楚国的盟国相互朝见。二十四日，向戎向赵孟复命。

赵孟说："晋、楚、齐、秦，地位相匹敌。晋国不能指挥齐国就像楚国不能指挥秦国一样。楚国国君如果能够让秦国国君到我们国家来，我们的国君岂敢不坚决向齐国请求？"二十四日，向戌向子木复命，子木派传车告诉楚王。楚王说："放下齐国、秦国，请求和其他国家相互朝见。"秋七月二日，向戌到达。当天夜里，赵孟与子晰会盟，统一了盟辞。四日，子木从陈国到达。陈国的孔英、蔡国的公孙归生到达。曹国、许国的大夫也都到达了。各国军队以篱笆作为分界。

晋国和楚国分别驻扎在北边和南边。伯凤对赵孟说："楚国的气氛很坏，恐怕发难。"赵孟说："我们向左转，进入宋国，能把我们怎么样？"五日，准备在宋国西门外边结盟。楚国人在里面穿上铠甲。

伯州犁说："集合诸侯的军队，而做不信任别人的事，恐怕不行吧！诸侯盼望受到楚国的信任，因此前来顺服。如果不信任，这是抛弃让诸侯顺服的诸侯的东西。"坚决请求脱掉铠甲。

子木说："晋国和楚国互相不信任已经很久了，只是做对自己有利的事罢了。如果能满足愿望，哪里用得着信用？"伯州犁退了下去，告诉别人说："令尹恐怕不到三年就要死了。为了求得满足自己的愿望，而抛弃信用，愿望能够满足吗？有意愿就形成语言，有语言就产生信用，有信用才能巩固意愿。这三者相互关联，然后才能确定。信用没有了，怎么能活到三年呢？"

赵孟担心楚军在里面穿上铠甲，把这告诉了叔向。叔向说："有什么害处？一个普通人一次不守信用，还不行，全部不得好死。如果集合诸侯的卿，而干不守信用的事，一定不会成功。不守信用的人不足以给人造成麻烦。这不是你的祸患。用信用召唤人，却用虚假利用他们，一定没有人亲近他。怎么能危害我们呢？而且我们依仗宋国防卫楚国给我们造成的麻烦，每个人都会拼命，宋军也会拼命抵抗楚军，即使楚军再增加一倍也可以抵抗，你害怕什么呢？况且事情也不至于到这个地步。说为消除战争而召集诸侯，但却发兵危害我们，这对我们太有利了，这不是应该担心的。"

季武子派人以鲁襄公的名义对叔向说："把我国看作同邾国、滕国一样。"不久以后齐国人请求把邾国作为属国，宋国人请求把滕国作为属国，邾国、滕国都不参加结盟。叔向说："邾国、滕国是属国，我们国家是诸侯之国，为什么要同它们一样看待？我们与宋国、卫国地位相匹敌。"于是参加了结盟。所以《春秋》不记载他的宗族，说是他违背国君命令的缘故。

六日，宋公同时招待晋国、楚国的大夫，赵孟当做上宾，坐首席。子木跟他说话，他不能回答。让叔向在旁边跟子木说话，子木也不能回答。

九日，宋公与诸侯的大夫在蒙门外边结盟。子木向赵孟问道："范武子的德行怎么样？"赵孟回答说："他的家政治理得很好，对晋国说来没有隐瞒的情况，他的祝史向鬼神表示诚信，没有让人感到惭愧的话。"子木回来后告诉了楚王。楚王说："崇高啊！能让神、人高兴，他辅佐五个国君做盟主是适合的了。"子木又对楚王说："晋国当诸侯的领袖是合适的，有叔向辅佐他的卿，楚国没有与他相当的人，不能同他相争。"

决篇第二

圣人所以能成其事①者有五：有以阳德②之者，有以阴贼③之者，有以信诚之④者，有以蔽匿之⑤者，有以平素之者。

　　阳励于一言⑥，阴励于二言⑦，平素、枢机⑧，以用四者，微而施之。于是度以往事，验之来事，参之平素，可则决之。

　　公王大人之事也，危而美名者，可则决之；不用费力而易成者，可则决之；用力犯勤苦，然而不得已而为之者，可则决之；去患者，可则决之；从福者，可则决之。

【注释】

①成其事：指决事成功。

②阳德：刚正率直。

③阴贼：狠毒残忍。

④以信诚之：用诚心实意、将心交心的言语，去感动对方。诚，真诚。

⑤以蔽匿之：用稍做保留的、隐实情的方法，去宽容对方。

⑥阳励于一言：可以明白说出来的话，人前人后要一致。

⑦阴励于二言：不能明白说出来的话，就是阴谋诡计，就人前说一套，以迷惑敌人，人后做一套，说服上司。

⑧枢机：关键因素。

【译文】

　　圣人能够成就大事业有五种原因：有的用光明磊落的道德感化人，有的用计谋暗中加害别人，有的用信用和诚实博取别人拥戴，有的用蒙蔽手段掩护他人，有的用公正的方法取信他人。

　　公开的方法，要尽力做到言语前后一致，讲求信誉；暗中谋事，要真真假假，善于说两种话，使人摸不透自己的真实意图；有时公正，有时机巧。这四种方法都要小心谨慎微妙地加以使用。在决断事情时，要用过去的事进行权量，用将来的事进行验证，用平日的事参验，若可实现，就立刻作出决断。

对于王公大人之事，如属充满危险，但成功之后却能赢得美名之事，一旦合适，就可为其作出决策；不用费力却极易成功者，也可为其决策；虽需花费功夫，忍受劳苦艰辛，却又不得不做，也必须为其作出决策；属于排忧解难之事，如果可行，就要为其作出决策；属于追求幸福之事，只要合适，也得为其作出决策。

【感悟】

决断事物，要从事物前后及发展中加以考察和分析，以过去经验作为决策的依据，以现实条件为参照，从而判断事物未来的发展趋势，进而作出正确的决断。

【故事】

苻坚决心伐晋

晋十六国时期，苻坚灭了前燕国，降服成汉国。太元元年，也就是公元376年又灭了前凉，并且出兵攻晋，占据襄阳，统一了北方大部，海东诸国六十二王纷纷派出使臣前来朝拜。苻坚此时飘飘然起来。他经常大宴群臣，极尽歌舞，朝廷上下渐渐兴起豪华奢侈之风。也正是在这种背景下，苻坚决心兴师讨伐东晋。

一天早朝的时候，苻坚将自己的想法和盘托出，谁知文武百官顿时鸦雀无声。

秘书监朱肜是个见风使舵的人，忙上前奏道："陛下威震四方，今御驾亲征，是应天顺时之举，大军所到之处，高山低头，河水让路，必然是有征无战……此举定能统一天下，建万古不朽功业！"

朱肜话音刚落，百官中走出一个人，高声奏道："臣以为现在不能伐晋！"众人一看，原来是尚书左仆射权翼。苻坚很不高兴，就说：

"你讲吧！"权翼正了正朝服，说："臣听说，国王无道，诸侯才共同来讨伐。如今晋国虽弱，却君臣和睦，上下同心，并且朝中还有谢安、桓冲等杰出人才，因此出兵伐晋还不是时候。"

符坚听了这番言论，心中更是不高兴，沉默了一会儿才说："诸卿都说说自己的想法。"

话音未落，太子左卫率石越应声奏道："臣以为，权翼之言讲得有理。晋国不但君臣一心，而且据有长江天险，百姓也乐意为朝廷出力。出师伐晋必然凶多吉少。愿陛下保境安民，等待时机，再作打算。"

符坚早就不耐烦了，听了石越这番话，便驳斥道："全是庸人之谈！从前吴王夫差，吴主孙皓，他们虽有长江天堑，也未能逃脱覆灭的命运。今我带兵百万，若将马鞭投入江中，即可断其流水，他们还有什么天险可守？"

尽管包括阳平公符融在内的群臣们极力反对，但符坚还是决心伐晋，结果当然可想而知了。

决篇第三

故夫决情定疑，万事之机^①，以正乱治^②，决成败，难为者^③。故先王乃用蓍龟^④者，以自决也。

【注释】

①决情定疑，万事之机：意谓决情、断事、定疑，是万事的关键。机，关键。

②乱治：肃清动乱。

③难为者：很难有所作为的。

④蓍龟：蓍，蓍草，草本植物；龟，龟甲。两者都是占卜工具。

【译文】

所以，判明情况，解决疑虑，乃是万事之根基。拨乱反正，决定着事情的成败，但这实在是很困难的。因此，即使是圣明的先王，也往往要借助于蓍草、龟草等卜易工具，来帮助自己作出决断。

【感悟】

决断事情，解决疑难，是成就事业的关键，但也是非常困难的事情，为此，一定要慎重考虑。鬼谷子认为，无论是做什么事情，要解决自己不懂的问题，做一个决策，都是非常不容易的。它需要知识的积累，人生的经验，还有大脑的反应等一系列东西的快速动作，才能做出决断。即使如此，也不一定正确。所以，鬼谷子站在当时的角度认为，只有占卜才能解决这个问题。

在科学尚不发达的古代，人们敬畏天地，认为只有上天才能拯救人类，显然，这种说法是不正确的。这反映了鬼谷子的时代局限性，也是我们今天应该注意的。

【故事】

甘罗劝谏赵王

秦国派张唐到燕国做宰相。张唐走了几天之后，甘罗对文信侯说："请君侯借给我五辆车，让我为张唐先到赵国去通报一声。"文信侯于是就进入内宫对秦始皇说："昔日臣子甘茂的孙子甘罗，年纪虽然很小，但却是名门的后代子孙，诸侯各国早已有所耳闻。最近张唐想称病不去燕国做宰相，甘罗去劝说后，才使他起身前往。如今他又愿意为张唐先到赵国去通报一下，请答应并派遣他去。"秦王召见了甘罗，并派甘罗出使赵国。赵襄王听到消息，亲自到郊外去迎接甘罗。甘罗劝说赵王道："大王听说了燕国太子丹到秦国做人质这件事了吗？"赵王说："听说过了。"甘罗说："听说了张唐到燕国做宰相这件事吗？"赵王说："听说了。"

甘罗接着说道："燕国太子丹到秦国做人质，表明燕国不欺骗秦国。同时，张唐到燕国做宰相，也表明秦国不欺骗燕国。秦、燕两国互不相欺，目的是为了攻打赵国，赵国的处境危险啊。其实，秦、燕两国互不相欺并没有别的缘故，就是想攻打赵国以扩充河间一带的土地。大王不如割让给我五座城池，以扩大秦国在河间一带的领土，让我回去向秦王复命，叫他遣回燕国太子，与强大的赵国一起攻打弱小的燕国。"

于是，赵王立即割了五座城池给秦国扩充河间一带的领土，秦国也遣回了燕国太子。随即，赵国攻打燕国，占领了上谷的30座城池，将其中的11座城池送给秦国。甘罗回到秦国，秦始皇封甘罗为上卿，又将原来甘茂的田宅赐给他。

第十二章

符 言

在本章，鬼谷子教导君王们，在治理天下时，应具有高瞻远瞩的胆略、赏罚分明的智慧以及察纳雅言的胸怀。

符言①第一

安、徐②、正、静，其被节无不肉。善与而不静，虚心平意以待倾损。有主位。

目贵明，耳贵聪，心贵智。以天下之目视者，则无不见；以天下之耳听者，则无不闻；以天下之心虑者，则无不知。辐凑并进，则明不可塞。有主明。

【注释】

①符言：是指言语和事实像符契一般完全吻合，符是符契、符节。也有人认为所谓"符言"，就是"会符之言"的简称。

②徐：静的意思。

【译文】

人君如果能做到安详、从容、正派、宁静，那么他怀有的道德就会淳朴敦厚。善于结交而不能安静，就要使心意虚静平定，以防备倾损。能做到以上的就能保持君主的地位，这就是主位权术。

眼睛最重要的功用在于善于察看事物，耳朵最重要的功用在于灵敏，心灵最重要的功用在于善于思考。如果能利用天下人的眼睛来观察，就没有看不见的事物；如果能利用天下人的耳朵来听，就不会有什么听不见的；如果能用天下人的智慧来思考，就没有什么不知道的。就能像车辐集中于车毂那样集中起各种人才的力量，君主的圣明便谁也不能蒙蔽了。做到以上所讲的就能保持君主的明察。

【感悟】

做君主的要加强自己的修养，以达到耳聪、目明、心智，并且轻易不把自己的想法表露出来，使人难以了解他的真实意图，以免别人投其所好，最后落入他人设置的陷阱。

【故事】

墨子破云梯

在战国初年的时候，楚国的国君楚惠王想重新恢复楚国的霸权。他扩大军队，要去攻打宋国。楚惠王重用了一个当时最有本领的工匠。他是鲁国人，名叫公输般，也就是后来人们称为鲁班的。公输般使用斧子不用说是最灵巧的了，谁要想跟他比一比使用斧子的本领，那就是不自量力。所以后来有个成语，叫作"班门弄斧"。

公输般被楚惠王请了去，当了楚国的大夫。他替楚王设计了一种攻城的工具，比楼车还要高，看起来简直是高得可以碰到云端似的，所以叫作云梯。

楚惠王一面叫公输般赶紧制造云梯，一面准备向宋国进攻。楚国制造云梯的消息一传扬出去，列国诸侯都有点担心。特别是宋国，听到楚国要来进攻，更加觉得大祸临头。楚国想进攻宋国的事，也引起了一些人的反对。反对得最厉害的是墨子。

墨子，名翟，是墨家学派的创始人，他反对铺张浪费，主张节约；他要他的门徒穿短衣草鞋，参加劳动，以吃苦为高尚的事。如果不刻苦，就是违背他的主张。

墨子还反对那种为了争城夺地而使百姓遭到灾难的混战。这回他听到楚国要利用云梯去侵略宋国，就急急忙忙地亲自跑到楚国去，跑得脚底起了泡，出了血，他就把自己的衣服撕下一块裹着脚走。

这样奔走了10天10夜，到了楚国的都城郢都。他先去见公输般，劝他不要帮助楚惠王攻打宋国。

公输般说："不行呀，我已经答应楚王了。"

墨子就要求公输般带他去见楚惠王，公输般答应了。在楚惠王面前，墨子很诚恳地说："楚国土地很大，方圆5000里，地大物博；宋国土地不过500里，土地并不好，物产也不丰富。大王为什么有了华贵的车马，还要去偷人家的破车呢？为什么要扔了自己绣花绸袍，去偷人家一件旧短褂子呢？"

楚惠王虽然觉得墨子说得有道理，但是不肯放弃攻宋国的打算。公输般也认为用云梯攻城很有把握。

墨子直截了当地说："你能攻，我能守，你也占不了便宜。"

他解下了身上系着的皮带，在地下围着当作城墙，再拿几块小木板当作攻城的工具，叫公输般来演习一下，比一比本领。

公输般采用一种方法攻城，墨子就用一种方法守城。一个用云梯攻城，一个就用火箭烧云梯；一个用撞车撞城门，一个就用滚石檑木砸撞车；一个用地道，一个用烟熏。

公输般用了九套攻法，把攻城的方法都使完了，可是墨子还有好些守城的高招没有使出来。

公输般呆住了，但是心里还不服，说："我想出了办法来对付你，不过现在不说。"

墨子微微一笑说："我知道你想怎样来对付我，不过我也不说。"楚惠王听两人说话像打哑谜一样，弄得莫名其妙，问墨子说："你们究竟在说什么？"

　　墨子说:"公输般的意思很清楚,不过是想把我杀掉,以为杀了我,宋国就没有人帮助他们守城了。其实他打错了主意。我来到楚国之前,早已派了禽滑釐等300个徒弟守卫宋城,他们每一个人都学会了我的守城办法。即使把我杀了,楚国也是占不到便宜的。"

　　楚惠王听了墨子一番话,又亲自看到墨子守城的本领,知道要打胜宋国没有希望,只好说:"先生的话说得对,我决定不进攻宋国了。"这样,一场战争就被墨子阻止了。

符言第二

　　德之术曰:勿坚而拒之①。许之则防守②,拒之则闭塞。高山仰之可极,深渊度之可测。神明之位术正静,其莫之极欤? 有主德。

　　用赏贵信,用刑贵正。赏赐贵信,必验耳目之所见闻,其所不见闻者,莫不暗化矣。诚畅于天下神明,而况奸者干君。有主赏。

【注释】

　　①勿坚而拒之:如果听信众人之言,要广泛接受而不加拒绝,这才是为人君的最重要态度。

　　②许之则防守:假如听信他人之言,众人就会归服保卫君主,也就是能转危为安。

【译文】

　　培养听的原则是:不要坚决拒绝任何意见,不要随便就接受任何意见。如果答应对方就要信守;轻易拒绝别人意见,就闭塞了自己的视听。仰望高山可以看到山顶,测量深渊可以测到其深浅,只要神明的君主其听之术正直而宁静，便没有谁能够探测出他的底蕴。能做到以上所讲的就算有德了。

对臣民实行奖赏贵在恪守信用，实行刑罚贵在公正合理。赏罚分明，要从耳目所见所闻的事物做起，加以验证，这样即便那些远离自己的人也能在暗中受到影响。人君的诚心如果能畅达于天下，连天上神明都会受感化，又何必惧怕那些奸邪之徒冒犯呢？以上讲的是怎样实行奖赏和刑罚。

【感悟】

赏刑是君主用以治理天下的两大手段，而赏贵在讲信用，言出必赏，刑贵在讲公正适度，有犯必惩。欲治民必先治官，官正而后民顺，只要这两个方面做得好了，那么天下也就能够太平了。

【故事】

居官守法

战国时，秦国国君秦孝公打算任用商鞅进行变法。即将实行的新法将大大提高农民和将士的地位，对秦国在当时称霸于其他诸侯国十分有利。但是，新法又威胁到了贵族和大大小小的封建领主的利益，因此变法之前就遭到了一些权贵们的反对，弄得秦孝公左右为难。有一天，秦孝公让大臣们讨论变法的事。大夫甘龙和杜挚极力反对变法。他们认为，风俗习惯不能改，古代的制度不能变，否则就会使大家不习惯，国家就会灭亡。

面对这些人的反对，商鞅据理力争。他说：甘龙的话，是世俗之言。一般的人安于现状，学者们沉溺于自己的所见所闻。这些人如果让他们当官谨守成法（居官守法）还可以，如果和他们谈论成法以外的事，他们就会一窍不通。古代的制度也许只适合古人的需要，但后来制度都变了，以前的制度也就没有了。成汤和武王改革了古代制度，却复兴了国家。所以，古代应用古人的制度，今人应用今人的制度。要想国家强盛，就得改革制度，实行变法。死守着古代的旧俗不变，就会亡国。

秦孝公非常同意商鞅的意见，便拜他为左庶长，于秦孝公三年（公元前359年）实行了变法。

符言第三

一曰天之，二曰地之，三曰人之。四方、上下、左右、前后，荧惑①之处安在？有主问②。

心为九窍③之治，君为五官之长。为善者，君与之赏；为非者，君与之罚。

君因其政之所以求，因与之，则不劳。圣人用之，故能赏之。因之循理，固能久长。有主因。

【注释】
①荧惑：即火星。
②主问：为人君者问，必须得到天时、地利、人和。
③九窍：是出入空气的小穴，人头上共有七个小穴，口、两耳、两眼、两鼻孔。也称为"七窍"。另外加上两个便孔，称为"九窍"。

【译文】
君主的询问范围，应包括天文、地理、人事三个方面。四方、上下、左右、前后的情况都要加以了解，那就不会有什么被蒙蔽迷惑的事了。以上讲的是怎样询问。

心是身体各种器官的统帅，君主是百官的主宰。做好事的臣民，君主就应赏赐他们；对于做坏事的臣民，君主就应惩罚他们。

君主根据臣民的所作所为，斟酌实情施行赏罚，就不会费力，圣人任用官吏，能够掌握他们，给他们以赏赐，遵循道理办事，所以能够维持长久统治。以上讲的是如何因势顺理管理官吏。

【感悟】

一个君主要想治理好天下，就应该了解天文、地理和人事方面的所有情况，并对好的臣子进行奖赏，对坏的臣民进行惩罚，这样国家才能长治久安。

【故事】

赦免无罪的叔孙

公元前541年，以晋、楚为首的诸侯举行会盟，主要是重申宋之盟的有关约定。此间，鲁国的季武子攻打莒国，占取了郓地，莒国人向盟主报告。楚国对晋国说："重申的盟会还没有结束，鲁国就攻打莒国，亵渎了盟约，请求诛戮它的使者叔孙豹。"

晋国作为霸主国之一，派出国相赵文子和大夫乐王鲋出席盟会。乐王鲋想从叔孙豹那里得到贿赂，他一面向赵文子求情，一面派使者找叔孙要他的带子，叔孙不给。

梁其说："财货用来保护身体性命，您何必爱惜呢？"

叔孙说："诸侯的会盟，是为了保卫国家。我用财货来免去祸患，鲁国就必然要受到攻击，这是使它遭受祸患啊，哪里是保卫它呢？人间所以有墙壁，是要用来遮挡坏人。墙壁因为裂缝而坍坏，是谁的过错？保卫它的却使它遭受攻击，我的罪过又超过墙壁了。虽然应当埋怨季孙，但是鲁国有什么罪过呢？叔孙出使，季孙守国，一向就是这样的，我又去怨谁呢？然而鲋喜欢财货，不给他，他是不肯罢休的。”

叔孙于是召见使者，撕下一片做裙子的帛给他，说："身上的带子恐怕太窄了。"

赵文子听到了，说："面临祸患而不忘记国家，是忠心；想到危难而不放弃职守，是诚意；为国家打算而不惜一死，是坚定；计谋以上述三点作为主体，是道义。有了这四点，难道可以诛戮吗？"

赵文子于是向楚国请求说："鲁国虽然有罪，它的执事不避祸难，畏惧贵国的威严而恭敬地奉命了。您如果赦免他，用来勉励您的左右群臣，这还是可以的。如果您的官吏们在国内不避污浊，在国外不逃祸难，还有什么可忧虑的？忧虑之所以产生，就是从临污浊而不治理、遇祸难而不顶住这里来的啊。能做到这两点，又忧虑什么？不安定贤能的人，有谁去跟从他？鲁国的叔孙豹可以说是贤能的人了，请求赦免他，用来安定贤能的人。"

赵文子接着说："您参加会盟而赦免了有罪的国家，又奖励它的贤人，诸侯们有谁不高高兴兴地望着楚国而归服，把疏远看成亲近？边境上的城邑，一时归那边，一时归这边，没有一定之规？三王五伯的政令，划定边疆，在那里设置官员，树立标志，进而明写在章程法令上，越境即有惩罚，这样尚且不能划一不变。在这种情况下虞舜时代有三苗，夏朝有观氏、扈氏，商有妣氏、邳氏，周朝有徐国、奄国。

"自从没有英明的天子，诸侯争先扩张，交替主持结盟，难道又能够划一不变吗？注意大的祸乱而不计较小的过错，足以做盟主，又哪里用得着管这些？边境被侵削，哪个国家没有？主持结盟的，谁能治理得了。吴国、百濮有隙可乘，楚国的执事难道还只顾到盟约？

"宋国边境上的事情，楚国不要过问，诸侯不要烦劳，不也可以吗？莒国、鲁国争夺郓地，日子很久了。如果对他们国家没有大妨害，可以不必去保护它。免去烦劳，赦免善人，别人就没有不争相努力的。您还是考虑一下。"

晋国人认为赵文子说的有道理，也坚决向楚国请求，楚国人答应了，就赦免了叔孙豹。

符言第四

人主不可不周①，人主不周，则群臣生乱。家于其无常也，内外不通，安知所开？开闭不善，不见原也②。有主周。

一曰长目，二曰飞耳，三曰树明。千里之外，隐微之中，是谓洞天下奸，莫不谙变更。有主恭。

循名而为，实安而完。名实相生，反相为情。故曰：名当则生于实，实生于理，理生于名实之德，德生于和，和生于当。有主名⑩。

【注释】

①不可不周：君主必须广泛知道世间的一切道理。

②不见原也：不知道为善的源头。

【译文】

君主必须考虑到世间的一切情况，假如君主不能全面地了解一切，不明情达理，那么群臣就会造反生乱子，家业就会变化无常了。如果消息内外闭塞不通，又怎能知道天下大事的演变，又怎能知道如何行动？假如不善于掌握开合之术，就无法发现事物的本质。以上讲的是君主要全面地了解各种情况。

君主还要能采用三种措施：一是使自己如何看得更远；二是使自己如何听得更广；三是使心能洞察一切，用天下之心来思考。能够了解千里之外的情况，了解隐藏细小的事，这就叫作洞察。如果能够洞察天下一切，那么天下那些为非作歹的人，都会暗中悄悄地改变自己的恶劣行为。以上讲的是怎样参验洞察一切。

按照名分去做事，按照事实来决定。名分是从实际中派生的，客观实际产生事物名分，二者相互助长，相辅相成，这本是事物常理。所以说，适当的名分产生于客观事物的实际，客观事物的把握取决于客观事物的内在规律。事理从名分和实在的德中产生，德从和谐中产生，和谐从恰当中产生。以上所讲是如何把握住名分。

【感悟】

作为君主，必须使自己的耳目遍于天下，这样才能消息灵通，下情达于主上，使自己不至于被蒙蔽。同时，君主还要注意修炼自己的德行，做到名实相符，遵照客观规律办事，这样处理事情才不至于处置失当。

【故事】

春秋平阴之战

齐灵公二十七年（公元前555年）十月，诸侯联军讨伐齐国。这一次，各国国君亲自出马，晋平公、鲁襄公、卫殇公、郑悼公、曹成公，以及邾国、滕国、薛国、杞国、小邾子国的诸侯首领。晋国是因为齐国不服从指挥，其他各国多半是因为被齐国欺负得没有办法，大伙儿都认为是该给齐国一个教训的时候了。

联军兵分两路，主力部队由晋国大夫荀偃指挥，晋国参战将领有魏绛、范宣子、栾盈、赵武、韩起分别率领上中下三军，从晋国越过黄河一路打过来，攻取齐国西部；另一路是鲁国和莒国的军队，从鲁国北面悄悄地进入齐国南部，准备直取都城临淄——明攻和偷袭结合，被齐国欺负得太狠的鲁国发誓报仇。

春秋时代，齐国最先筑长城防御外来侵略，依山势走向，绵延百里，坚不可摧。听说联军来势汹汹，齐灵公亲自到平阴（今山东济南市北郊）边关督阵，在广里（今山东济南郊区）修筑关防，山高地险，一夫当关，万夫莫开。荀偃率领军队浩浩荡荡打到齐长城下两山之间的一个关卡，这里是通往齐国腹心地带的咽喉，没有别的办法可逾越，于是命令军队冒死向前强攻，不许后退！

齐灵公命令军队出关迎战，但敌不住联军的锐气，齐军将士在城门死亡无数，只得紧闭城门拒不出战，攻守双方在平阴僵持了近一个月，继续耗下去对联军不利。范宣子派出暗探给旧时好友齐国大臣析归父送信，说："看在咱俩的情分上，我透露给你一个消息：鲁国和莒国1000乘战车从南面准备攻取临淄，如果你们还不赶快回去守住你们的都城，可能马上就无家可归了。"

这析归父也不辨真假，赶忙找到齐灵公，如此这般地报告一番，灵公一听慌了，准备弃关不守，回去守住都城。随军的晏子说："君王您本来就不是一个勇敢的人，如今听到这么一个消息，我看这个关卡是守不住了。"

齐灵公听他这么一说，便犹豫不决，第二天特意登上山顶往关卡外这么一看，只见远方征尘滚滚，不知有多少辆战车正在向这边奔驰而来，吓得大惊失色，说："不能怪我不勇敢，晋军兵力太盛，我们守不住啊！"原来，晋帅荀偃故意布下了疑兵阵，马尾巴上拴树枝，让人赶着马飞跑，远远看去，如战车千乘滚滚而来。

当天晚上，齐灵公逃出平阴城。晋国乐师师旷跟随晋军出征，这天早上，他对晋平公说："齐军撤退了，今天清晨，鸟儿的叫声非常欢快。"从鸟的鸣叫声中判断敌军的动向，这是古代战争情报获取的一种方法，如猎人狩猎，依靠原始自然的痕迹来判断猎物的出没。师旷是古代著名的音乐大师，是晋悼公和晋平公最宠爱的宫廷乐师，他对音乐的理解出神入化，有着一般人所没有的极为敏锐的听觉，所以，他能从大自然的音响中辨别出他所需要的信息。

齐军沿山中狭路往东奔逃，沿路杀死马匹推翻战车，堵在山谷间，想堵塞住联军的通道，但哪里堵得住。联军进入平阴，跟在溃逃的齐军后面一路猛追，穿过北部山地就是东部平原，联军的战车向前行驶得飞快，朝着临淄的方向直扑过来，没有几天，齐国全境遍布入侵者，每一个城市都危在旦夕。

荀偃和范宣子率领中军攻下京兹（今山东济南市长清区南部），魏绛和栾盈率领下军攻下邿邑（今山东济南市长清区五峰山一带），赵武和韩起率领上军攻打高厚驻守的卢邑（高氏封邑，今山东长清一带）没能攻破。

荀偃抛下刚刚攻取的城池，率领军队火速东进来到临淄城下。

联军节节胜战的消息传到临淄，齐灵公惊慌失措，命人套上马车，出宫门爬上车准备逃走，正在这时，太子光赶到，抽出佩剑，一剑砍断马脖子上的皮套，拽住车子不让父亲走，说：

"您身为一国之君，弃都城而逃，大臣和百姓将会怎样看您？再说，您也不必惊慌，联军进攻速度太快，估计很快就会撤军，他们并不想攻占齐国，只是在逼我们低头服输罢了。"

齐灵公回到王宫，躲进屋子里唉声叹气，身体发虚，精力不支，一病不起，让太子光代替自己指挥临淄守卫战。联军向临淄东南西北几个城门发起进攻，齐国大臣带领私家军队坚守城门各自为战，联军想速战速决，齐军则保家卫国，双方死伤惨烈。十二月，临淄城还没有被攻破，联军在城郊大举烧杀抢掠，齐国民众陷入战争火海。

郑国和晋国搅到一起，楚国不高兴了，趁着郑简公外出参战的空隙，楚康王率军攻打郑国。战争一直进行到第二年的正月，太子光说的没错，联军已经坚持不下去了，主帅荀偃病情突然加重，不久死在军营之中，由范宣子接替主帅职务。

联军撤出齐国有几个说法：一个说法是楚国攻打郑国，郑简公希望联军撤出齐国援救郑国；另一说法是晋军主帅荀偃身患重病急于撤兵回国；第三个说法是范宣子听说齐灵公重病，遵照当时礼仪，兵不伐病丧之国，所以传令联军撤退。

无论哪个说法，联军确实没有消灭齐国的打算——春秋时期并不是秦王统一中国的时期，春秋诸侯战争，基本上就是几个利益集团的相互争斗，打来打去，打到对方低头求饶就罢兵戈。

第二年春天，战争结束，齐国被迫和诸侯国在督扬（今东济南城郊）签订盟约，内容是"大毋侵小"，就是大国不许侵犯小国，这个条约当然是针对齐国。

外 篇

　　《外篇》含《本经阴符》七篇、《持枢》一篇《中经》一篇，共九篇。《本经阴符七术》之前三篇说明如何充实意志，涵养精神。后四篇讨论如何将内在的精神运用于外，如何以内在的心神去处理外在的事物。《持枢》，讲的是遵循事物的规律。《中经》讲的是帮助穷困，救济危难以及笼络人心等。

本经阴符七术

一、盛神

盛神①法五龙②，盛神中有五气③，神为之长④，心为之舍，德为之人⑤养神之所，归诸道。道者，天地之始，一其纪也。

物之所造，天之所生，包宏，无形化气，先天地而成，莫见其形，莫知其名，谓之神灵。

故道者，神明之源，一其化端⑥，是以德养五气，心能得一，乃有其术。术者，心气之道所由舍者，神乃为之使。九窍、十二舍者⑦，气之门户，心之总摄也。

生受之天，谓之真人；真人者，与天为一而知之者，内修练而知之，谓之圣人⑧。圣人者，以类知之⑨。

故人与生一，出于化物⑩。知类在窍。有所疑惑，通于心术⑪；术必有不通。

其通也，五气得养，务在舍神，此之谓化。化有五气者，志也、思也、神也、德也；神其一长也。

静和者，养气。养气得其和，四者不衰，四边威势，无不为，存而舍之⑫，是谓神化归于身，谓之真人。

真人者，同天而合道⑬，执一而养产万类，怀天心，施德养，无为以包志虑思意，而行威势者⑭也。士者通达之，神盛，乃能养志。

【注释】

①盛神：盛，充沛。神，精神。

②五龙：一指角龙、微龙、商龙、羽龙、富龙；一指皇怕、皇仲、皇叔、皇季、皇少。

③五气：指神、心、德、道、术。

④神为之长：五气之中起决定作用的是人的精神状态。

⑤德为之人：有德使人成为人。

⑥一其化端：万物之变化都源于道。

⑦十二舍：目见色，耳闻声，鼻臭香，口知味，身觉触，意思事，互相停会，称十二舍。

⑧内修炼而知之，谓之圣人：自我修炼，学而知之，是圣人。

⑨以类知之：以一般推知个别，触类旁通。

⑩化物：随物而化。

⑪有所疑惑，通于心术：在感知活动中产生疑惑，要通过冷静的思考去做理性的判断。

⑫存而舍之：吸收与储存。

⑬同天而合道：与天相同，与道相合。

⑭行威势者：运行影响力的。

【译文】

要使精神旺盛充沛，必须效法五龙。旺盛的精神中包含着五脏的精气，精神是五脏精气的统帅，心是精神的信托之所。只有道德才能使精神伟大，所以养神的方法归结为道。道是天地的开始，道产生一，一是万物的开端。

万物的创造、天的产生，都是道的作用。道包容着无形的化育之气，在天地产生前便形成了。没有谁能看到它，没有谁能叫出它的名称，只好称它为"神灵"。

所以说，道是神明的根源，一是变化的开端。因此，人们只有用道德涵养五气，心里能守住一，才能掌握住道术。道术是根据道而采用的策略、方法，是心气按规律活动的结果。精神是道术的使者。人体的九窍，人体的器官，都是气进进出出的门户，都由心所总管。

直接从上天获得本性的人，叫作真人。真人是与上天结成一体而掌握道的人。通过专心学习磨炼而掌握道的人，叫作圣人。圣人是触类旁通而掌握道的。

人类的肉体与性命，都是出于天地的造化。人类了解各类事物，都是通过九窍。如果有疑惑不解的地方，要通过心的思考而运用道术判断；如果没有道术，一定不会通达。

通达之后，五脏精气得到培养，这时要努力使精神保持镇静专一。这便叫作"化"，即符合造化的精妙境界。五脏精气达到了化的境界，便产生志向、思想、精神、道德，精神是统一管理这四者的。

宁静平和便可以养气，养气便可以使得志向、思想、精神、道德四者获得和谐，永不衰败，向四方散发威势。什么事都可以办到，长存不散，这便叫作一身达到了神化的境界，这种人便叫真人。

真人，是跟天与道合一的，他能够坚守"一"，而且产生并养育万物，怀着上天之心，施行道德，他是用无为之道指导思想而发出威势的人。游说之士通晓了这一点，精神旺盛充沛，才能培养志向。

【感悟】

天地间的道理博大精深，有些道理用现在的科学还不能作出合理的解释，比如天地间存在某些不同的气，有些人秉这种气而生，因而天生就有某种特殊禀赋，高人一等。但是一个人也可以通过后天不断地学习而懂得天地玄机。

人有各种各样的情欲，平常精神就被这些情欲分散掉了，因此人做事必须专一，专一能把人分散的精神集中起来，使各种感知潜能发挥出来，产生某种特殊的能力，从而找出解决问题的方法。

二、养志

养志①法灵龟②。养志者，心气之思不达也。有所欲，志存而思之。志者，欲之使也③。欲多志，则心散；心散则志衰，志衰则思不达也。

固心气一，则欲不偟；欲不偟，则志意不衰；志意不衰，则思理④达矣。理达则和通，和通则乱气⑤不烦于胸中。故内以养志，外以知人。

养志则心通矣，知人则分职⑥明矣。将欲用之于人，必先知其养气志。知人气盛衰，而养其气志，察其所安，以知其所能。

志不养，则心气不固⑦；心气不固，则思虑不达；思虑不达，则志意不实；志意不实，则应对不猛⑧；应对不猛，则志失而心气虚；志失而心气虚，则丧其神⑨矣。

神丧，则仿佛；仿佛，则参会不一。养志之始，务在安己；己安，则志意实坚；志意实坚，则威势不分，神明常固守，乃能分之⑩。

【注释】

①养志：淘汰浅俗的欲望，确定正确的追求。

②灵龟：龟名，用以卜测吉凶。

③志者，欲之使也：志是欲所产生的。

④思理：思维。

⑤乱气：思维紊乱，心绪不宁。

⑥分职：职责。

⑦心气不固：从语气上看，"心气不固"前应有"则"字。固，谓稳定、坚实。

⑧应对不猛：反应、对答不迅猛，不敏捷。

⑨丧其神：丧失精神力。

⑩分之：指分威震物。

【译文】

　　培养志向要效法灵龟。之所以需要培养志向，是因为如果不培养志向，心的思想活动便不会畅达。如果有了某种欲望，都是放在心里考虑，那么，志向便被欲望所役使。欲望多了，心便分散；心分散了，志向便衰弱了，思想活动便不畅达。

　　心的思想活动专一，欲望便无隙可乘；欲望无隙可乘，志向意愿不衰弱，思路便会畅达。思路畅达，和气便流通；和气流通，乱气便不会在胸中烦乱。

　　所以，对内要培养志气，对外要了解人。培养志气就会心里畅通，了解别人就会职责明确。如果要把培养志气之术用于对人，就一定先要考察他是如何培养志气的。了解别人的志气的盛衰状况，就可以培养他的志气；观察别人的志趣爱好，就可以了解他的才能。

　　如果不培养志气，心气就不稳固；心气不稳固，思路便不通畅；思路不通畅，意志便不坚实；意志不坚实，应对便不理直气壮；应对不理直气壮，就是丧失志向和心气衰弱的表现。

　　志向丧失和心气衰弱，说明他的精神颓丧了。精神颓丧，便会恍惚不清；神志恍惚不清，就不可能专一地探求、领会事理。由此可见，培养志向的重要。如何培养志向，培养志向的初始是什么呢？首先要从使自己镇定安静开始；自己镇定安静了，志向意愿便会充实坚定；志向意愿充实坚定，威势就不会分散。精神明畅，经常固守，就能够震慑对方。

【感悟】

一个人没有志气就容易欲望泛滥，欲望泛滥，今天想做这样，明天想做那样，结果精力分散，一事无成。即使有了志气，也要不断地加以培养，否则也不坚定。培养志气当效法灵龟，沉着镇静，心神守一。要了解一个人，从他的志向就完全可以看得出来。

意志是一个人各种内在精神因素中最重要的一种，可以说是一个人能否成功的关键。没有坚定的意志，精神就会散乱，精力一分散，什么事情也就干不成了。纵观古今，没有一个伟人不是拥有坚定的意志的人。青少年时期是培养意志的关键时期，应该加强意志锻炼。

三、实意

实意①法螣蛇②。实意者，气之虑也。心欲安静，虑欲深远。心安静则神明荣③，虑深远则计谋成。

神明荣则志不可乱④，计谋成则功不可间⑤。意虑定⑥则心遂安，心遂安则所行不错⑦，神者得则凝。识气寄，奸邪得而倚之，诈谋得而惑之，言无由心矣⑧。

故信心术、守真一而不化，待人意虑之交会⑨，听之候之也⑩。计谋者，存亡枢机。虑不会，则听不审矣；候之不得，计谋失矣。则意无所信，虚而无实。

无为⑪而求，安静五脏⑫，和通六腑⑬，精神、魂魄固守不动，乃能内视、反听、定志，思之太虚，待神往来。

以观天地开辟，知万物所造化，见阴阳之终始，原人事之政理。不出户而知天下，不窥牖而见天道。不见而命，不行而至。——是谓"道知"。以通神明，应于无方^⑭，而神宿^⑮矣。

【注释】

①实意：丰富思想蕴含。实，充实。意，意念、意蕴。

②腾蛇：神蛇。

③神明荣：指思维能力强。

④乱：游移、紊乱。

⑤间：乘间，引申为扰乱。

⑥意虑定：意念坚定，思虑成熟。

⑦所行不错：行为不乖谬。

⑧言无由心矣：难讲真心话了。

⑨待人意虑之交会：意谓待人接物时，其意念、思虑要与客体相符合。

⑩听之候之也：意谓听言要详审，期待捕捉的目标要明确。听，审言。候，伺机。

⑪无为：自然、净化。

⑫五脏：指心、肝、胆、脾、肾。

⑬六腑：指小肠、胆、膀胱、大肠、胃、三焦。

⑭应于无方：即应付各种状态，各个方面。无方，即无常、万方。

⑮神宿：达到神明境界。

【译文】

要使思想充实，必须效法腾蛇。思想充实，产生于气的思考活动。心要求安静，思考要求深远。心一安静，精神便会爽朗充沛；思考一深远，谋划事情便能周详。

精神爽朗充沛，志向就不可扰乱；谋划周详，事业的成功便没有阻隔。思想坚定，心里便顺畅；心里安静，所做的一切便不会有差错。精神满足得所，便会专一集中。如果思想活动不安定而游离在外，奸邪之徒便可凭借这种状况干坏事，欺诈阴谋便可乘机迷惑自己，于是说出话来便不会经过心的仔细思考。

所以，要使心术真诚，必须坚守专一之道而不改变，等待别人开诚相见，彼此交流，认真听取和接受别人的意见。计谋是关系国家成败的关键。如果思想不交融，听到的情况便不周详；接受的东西不恰当，计谋就会发生失误。那么，思想上便没有真诚可信的东西，变得空虚而不实在。

要自然无为，使得五脏和谐，六腑通畅，精、神、魂、魄都能固守不动。这种便可以精神内敛来洞察一切、听取一切，便可以志向坚定，使头脑达到毫无杂念的空灵境界，等待神妙的灵感活动往来。

从而可以观察天地的开辟，了解造化万物的规律，发现阴阳二气周而复始的变化，探讨出人世间治国方法的原理。这便叫作不出门户便可了解天下的万事万物，不把头探出窗外便可了解自然界的变化规律；没有见到事物便可叫出它的名称，不走动便可以达到目的。这便叫作"道知"，即凭借道来了解一切。凭借道了解一切，可以通达神明，可以应接万事万物而精神安如泰山。

【感悟】

俗话说："一心不能二用。"人只有在心神集中的情况下，思路才能够明晰畅达，思考问题才能具有深度，有利于找出问题的关键，使问题得以解决。如果心神不定，做事就不得要领，说话也是脱口而出，错误百出。

人必须心情淡泊，神思宁静，而后才能反视自己的内心世界，思考事物的来龙去脉，探究宇宙的道理，然后再据此提出合理的主张，制订可行的计划，达到成功的目的。

四、分威

分威①法伏熊②。分威者，神之覆也③。故静固志意④，神归其舍⑤，则威覆盛矣。威覆盛⑥，则内实坚；内实坚，则莫当；莫当，则能以分人之威而动，其势如其天。

以实取虚，以有取无，若以镒称铢。故动者必随，唱者必和⑦。挠其一指，观其余次，动变见形⑧，无能间者⑨。审于唱和⑩，以间见间⑪，动变明，而威可分。

将欲动变，必先养志、伏意，以视间。知其固实者，自养也。让己者，养人也。故神存兵亡⑫，乃为之形势。

【注释】

①分威：施威慑敌。

②伏熊：意谓要扩散影响力，应像熊那样，先伏后动。

③分威者，神之覆也：意谓分威就是扩大精神影响力的覆盖面。

④静固志意：别本作"静意固志"，当是。意思是说要意念安静，志尚坚定。

⑤神归其舍：意即精神集中。舍，宅。

⑥盛：充溢而未发。

⑦动者必随，唱者必和：此动则彼必随之，此唱则彼必和之。意指分威震物。

⑧动变见形：动变，指此动彼变。见形，指成为现实。

⑨无能间者：意谓不会有间隙被人利用。间，间隙，此处作动词用。

⑩审于唱和：审慎于此唱彼和之理。

⑪以间见间：因其间隙而见之。

⑫神存兵亡：即"神存于内，兵亡于外"，指精神的无形的影响力还存在，但有形的外在力量已不再存在。

【译文】

发挥威力，要效法伏在地上准备出击的熊。只有在旺盛的精神笼罩之下，威力才能充分发挥。所以，要使志向坚定，思想安静，精神集中，威力才能盛大。威力盛大，则内部充实坚定；内部充实坚定，威力发出便没有谁能抵挡。没有谁能抵挡，就能以发出的威力震动别人，那威势像天一样无不覆盖。

这便是用坚实去对付虚弱，用有威力去对付无威力。这就好像"镒"和"铢"比较一样，相差悬殊。所以，只要一动便一定有人跟从，一唱便一定有人附和。

只要弯动一个指头，便可看到其他指头的变化。威势一发出，就可使情况发生变化，没有谁能够阻隔。对唱和的状况进行周详考察，可以发现对方的任何间隙，明了活动变化的情况，于是威力就可以发挥出来。

自己要活动变化，一定先要培养志向、隐藏意图，从而观察对方的间隙，把握住时机。使自己思想意志充实坚定，是养护自己的方法；自己讲求退让，便是驯服别人的方法。所以，能够"神存兵亡"，即精神专注而进击之势毫不表现出来，那便是大有可为的形势。

【感悟】

要想扩大外在影响，必须先积蓄足够的力量，积蓄了足够的力量之后就要把这些力量适当地分散出去，否则就无从扩大影响的范围。扩大影响的前提是勤修内政，巩固基础。

五、散势

散势①法鸷鸟。散势者，神之使也②。用之，必循间而动③。威肃内盛，推间而行之④，则势散。夫散势者，心虚志溢⑤。意失威势，精神不专，其言外而多变⑥。

故观其志意，为度数⑦，乃以揣说图事⑧，尽圆方，齐短长。无则不散势⑨，散势者，待间而动⑩，动势分矣。

故善思间⑪者，必内精五气，外视虚实，动而不失分散之实。动则随其志意，知其计谋。势者，利害之决，权变之威⑫。势败者，不以神肃察也⑬。

【注释】

①散势：用一种爆发性的冲击力去震物服人。

②散势者，神之使也：散势是精神力的爆发，即势由神发。

③循间而动：意谓要顺着对方呈现出的间隙、缺失等有利机会，再动势。循，顺。

④威肃内盛，推间而行之：意谓蓄势已久，威力充盈，必然要寻找并创造机会迸发内力。推，推求。

⑤心虚志溢：意谓心虚利于容物，志溢利于决事。

⑥言外而多变：言外，指说话疏外，不合人情，不切事理。多变，指言无准的，多生变。

⑦观其志意，为度数：观察分析对方的心志意念作出正确的

估量。

⑧揣说图事：揣摩进说，图谋成事。

⑨无则不散势：嘉庆本作"无间则不散势"。无间，对方无间隙可利用，有利时机未出现。

⑩散势者，待间而动：运用爆发力的人等待有利机会的出现，再动势。

⑪思间：对有利机会的准确把握与分析。

⑫势者，利害之决，权变之威：爆发力的运用，是获利或致害的关键所在，是控制事态变化的威慑力量所在。

⑬势败者，不以神肃察也：意谓散势失败的往往是因为不能运用旺盛的神气认真仔细地审察。

【译文】

散发威势，即利用权威和有利形势采取行动，要效法鸷鸟。散发威势，是由精神主宰的。要散发威势，一定要抓住间隙（时机）采取行动。威力收敛集中，内部精神旺盛，善于利用对方的间隙采取行动，那么，威势便可以发散出去。散发威势时，要思想虚静，从而考虑周详；要意志充沛，从而能够决断。如果意志衰微，便会丧失威势，加上精神不专一，那么，说起话来便会不中肯，而且前后矛盾，变化不定。

所以，要观察对方的思想意志和办事标准，运用揣摩之术游说他，并采取不同的政治权谋谋划各种事情，有时圆转灵活，有时方正直率。如果缺少间隙或意志等主客观条件，就不能发散威势。因为散势必须等待间隙而采取行动，一行动便要发出威势。

所以，那些善于发现间隙（时机）的人，一动便不会失去散发威势的实效，便会紧紧抓住对方的思想意志，及时了解对方的计谋。总之，形势是决定利害的，也是能够权变并发挥威力的条件。威势衰败，往往是因为不能够集中精神去审察事物结果。

【感悟】

善于审时度势，发现对方的致命弱点，然后集中自己的力量乘其不备时给对方以关键一击，这毫无疑义会成功取胜，从而达到震慑对方的效果。

六、转圆

转圆①法猛兽②。转圆者，无穷之计③。无穷者，必有圣人之心，以原不测之智④；以不测之智而通心术⑤。而神道混沌为一⑥。以变论万义类，说义无穷⑦。

智略计谋，各有形容，或圆或方，或阴或阳，或吉或凶，事类不同。故圣人怀此之用⑧，转圆而求其合。故与造化者，为始动作，无不包大道，以观神明之域⑨。

天地无极，人事无穷，各以成其类⑩。见其计谋，必知其吉凶成败之所终也。转圆者，或转而吉，或转而凶。

圣人以道，先知存亡，乃知转圆而从方。圆者，所以合语；方者，所以错事⑪；转化者，所以观计谋；接物者，所以观进退之意。皆见其会，乃为要结⑫，以接⑬其说也。

【注释】

①转圆：待人处事要运用智慧，随物转化，旋转无穷，周圆处之，遇阻能通。

②猛兽：以兽威无尽喻圣智不穷，转圆不止。

③无穷之计：智谋无穷，说法无穷，遇到各种时态。事态、心态

不会因阻而折，因困而穷，能用全处之，圆润求通。

④原不测之智：意谓推究人们难以测知的睿智。原，推究本源。

⑤通心术：灵活运用心机、方法。

⑥神道混饨为一：主观之神，客观之道，融合为一，互相包容，互相影响，互相转化。

⑦以变论万类，说义无穷：意思是说，既有圣人的心、智、术，就可以针对万类事物的复杂变化，作出不同的分析论述，说出无穷无尽的道理。道藏本"万"下有"义"，为衍文。

⑧圣人怀此之用：圣人牢记这个道理。指针对不同的事物，施以不同的智谋，求得不同的结果。

⑨神明之域：无形的领域，最高境界。

⑩各以成其类：意即有自己的演变方式。类，法式。

⑪错事：指处事合宜。错，同措，处置。

⑫皆见其会，乃为要结：意谓对圆者、方者、转化者、接物者及合语、错事、观计谋、观进退四个方面要综合分析运用。

⑬接：接应。

【译文】

要像圆珠那样运转自如，必须效法猛兽。所谓要像圆珠那样运转自如，便是指计谋没有穷尽。要能使计谋无穷运转，必须要有圣人的胸怀，从而探究不可估量的智慧，以这种不可估量的智慧来通晓心术。自然之道是神妙莫测的，处于一种混沌的统一状态。用变化的观点来讨论万事万物，所阐明的道理是无穷无尽的。

智慧谋略，各有各的形态。有的灵活圆转，有的方正直率，有的公开，有的隐秘，有的顺利，有的凶险，这是为了应付不同的事类。

所以，圣人根据这种情况以运用智谋，像圆珠运转，以求计谋与事物状况相吻合。

他发扬自然造化之道，谋略开始后的一切举动无不包容自然造化之道，从而能观察研究神妙莫测的领域。天地是没有终极的，人事是变化无穷的，各自按照自然之道而形成类别。观察一个人的计谋，便可预测他的吉凶、成败的结局。计谋像圆珠一样运转变化，有的转化为吉，有的转化为祸。

圣人凭借自然之道，能够预先了解事物的成败，因此能够灵活运转而确立某种方正的策略，抓住事物成败的关键。圆转灵活，是为了使彼此意见融洽；方正直率，是为了正确地处理事务。运转变化，是为了观察计谋的得失；接触外物，即与人交往，是为了观察别人进退的意图。只有了解事物的关键，把握对方的主要想法，才能跟对方紧密联合，使彼此的主张一致。

【感悟】

天下之事，变化无穷，各有各的特性，因此，不能机械地去对待，而应以转圆之法顺应事物内在运行规律去行事。通过各种方法，用灵活权变的手段去解决。

天下无方圆无以成事。方是基本的方针政策，是行事的基础，圆是灵活变通，是行事的必要补充。二者相辅相成，缺一不可。没有方则做事为所欲为，没有一定的准则。没有圆则做事呆板僵化，不知灵活权变。只有把方和圆这两种处事方法有机地结合起来使用时，做事才会成功。

七、损兑

损兑①法灵蓍②。损悦者，几危之决也。事有适然③，物有成败，几危之动，不可不察。故圣人以无为待有德④，言察辞，合于事⑤。兑者，知之也；损者，行之也。损之说之，物有不可者⑥，圣人不为之辞也⑦。故智者不以言失人之言，故辞不烦而心不虚，志不乱而意不邪⑧。

当其难易，而后为之谋；自然之道，以为实。圆者不行，方者不止，是谓大功⑨。益之损之，皆为之辞。用分威、散势之权，以见其兑⑩威，其机危。乃为之决。故善损兑者，譬若决水于千仞之堤，转圆石于万仞之谿。

【注释】

①损兑：减少他虑，专心察理。

②灵蓍：古代占卜用的蓍草茎。

③适然：偶然性。

④以无为待有德：意思是说要虚己容人。德，得也。

⑤言察辞，合于事：审查言辞，明试事功。

⑥物有不可者：事物不妥当、不对头的。即客观事物的本然与主观不相符的。

⑦圣人不为之辞也：圣人不做主观论断，为之论说。

⑧志不乱而意不邪：心志专一不惑乱；意念守正不邪僻。

⑨圆者不行，方者不正，是谓大功：意谓功在使客观事物按照主观愿望方向变化。

⑩用分威、散势之权，以见其兑：用分威、散势的办法来显现心察。见，通"现"。

【译文】

减损杂念以使心神专一，要效法灵验的蓍草。减损杂念、心神专一是判断事物隐微征兆的方法。事件有偶然巧合，万物都有成有败。隐微的变化，不可不仔细观察。所以，圣人用顺应自然的无为之道来对待所获得的情况，观察言辞要与事物相结合。心神专一，是为了了解事物；减少杂念，是为了坚决行动。

行动了，解说了，外界还是不赞同，圣人不强加辞令进行辩解。所以，聪明人不因为自己的主张而排斥掉别人的主张。因而能够做到语言扼要而不烦琐，心里虚静而不乱想，志向坚定而不被扰乱，意念正当而不偏邪。

适应事物的难易状况，然后制定谋略，顺应自然之道来做实际努力。如果能够使对方圆转灵活的策略不能实现，使对方方正直率的计谋不能确立，那就叫作"大功"。谋略的增减变化，都要仔细讨论得失。

要善于利用"分威""散势"的权谋。发现对方的用心，了解隐微的征兆，然后再进行决断。总之，善于减损杂念而心神专一的人处理事物，就像挖开千丈大堤放水下流，或者像在万丈深谷中转动圆滑的石头一样。

【感悟】

客观世界是复杂的，往往含有极其微妙的变化，在制定谋略时就应该考虑到这些因素。只有客观地分析事物，才能做到心不烦，志不乱，意不邪，这样制定出来的谋略才不会失之偏颇。

持　枢①

持枢

持枢，谓春生、夏长、秋收、冬藏，天之正②也。不可干而逆之③；逆之者，虽成必败。故人君亦有天枢，生养成藏④。亦复不可干而逆之；逆之者，虽盛必衰。此天道，人君之大纲也。

【注释】

①持枢：洞察事物生成发展的根本原则，以便采取能适应的行动。持，掌管、执掌；枢，本指户枢。

②天之正：天地运作的正道。正，常例，准则。陶弘景注："言春夏秋冬，四时运行，不为而自然也。不为而自然，所以为正也。"

③不可干而逆之：不可冒犯而违逆。干，触犯。

④生养成藏：保护民力，不过度使用。生，万物萌长，喻百姓富庶。养，养育。成，教化养成。藏，保藏。

【译文】

所谓持枢，是指春季的耕种、夏季的生长、秋季的收割、冬季的储藏，乃是天时的正常运行。决不可企图改变和违背这些规律，违背者即使暂时成功，最后也要失败。所以为人君者，也应有天枢，负责生聚、教养、收成、储藏等重任。

在社会生活中，尤其不可改变和抗拒这些规律。如果违背基本规律，虽然暂时兴盛起来，最后还要衰落。这是天道，也是人君治国的基本纲领。

【感悟】

事物的发展规律是主宰宇宙中一切事物变化发展的基本规律，所有的事物都是无法违背它而独自运行的。顺应事物的发展规律行事则成，违背事物的发展规律行事则败。因此，我们做任何事都必须自觉地依照这个规律去进行。

中　经^①

中经

中经，谓振穷趋急，施之能言厚德之人；救物执，穷者不忘恩也。能言者，俦善博惠^②；施德者，依道^③；而救拘执者，养使小人。

盖士，当世异时，或当因免阗坑，或当伐害能言，或当破德为雄，或当抑拘成罪，或当戚戚自善，或当败败自立。

故道贵制人，不贵制于人也；制人者握权，制于人者失命。是以见形为容，象体为貌，闻声和音，解仇斗郤^④，缀去却语，摄心守义。《本经》记事者纪道数，其变要在《持枢》《中经》。

见形为容，象体为貌者，谓爻为之生也，可以影响、形容、象貌而得之也。有守之人，目不视非，耳不听邪，言必《诗》《书》，行不僻淫^⑤，以道为形，以听为容，貌庄色温，不可象貌而得也；如是隐情塞郤而去之。

闻声和音，谓声气不同，则恩爱不接。故商、角不二合，徵、羽不相配^⑥。能为四声主者，其唯宫^⑦乎！故音不和则不悲、不是，以声散伤丑害者，言必逆于耳也。虽有美行盛誉，不可比目^⑧、合翼^⑨相须也，此乃气不合、音不调者也。

解仇（斗郄），谓解羸⑩微之仇；斗郄者，斗强也。强郄既斗，称胜者，高其功，盛其势。弱者哀其负，伤其卑，污其名，耻其宗。故胜者斗其功势，苟进而不知退。弱者闻哀其负，见其伤，则强大力倍，死而是也。郄无极大，御无强大，则皆可胁而并。

缀去者，谓缀己之系言，使有余思也。故接贞信⑪者，称其行，厉其志，言可为可复，会之期喜。以他人之庶，引验以结往，明疑疑而去之。

却语者，察伺短也。故言多必有数短之处，识其短验之。动以忌讳，示以时禁⑫。然后结信，以安其心，收语盖藏而却之。无见己之所不能于多方之人。

摄心者，谓逢好学伎术⑬者，则为之称远；方验之，惊以奇怪，人系其心于己。效⑭之于人，验去乱其前，吾归诚于己。遭淫色酒者，为之术，音乐动之⑮，以为必死，生日少之忧。喜以自所不见之事，终可以观漫澜⑯之命，使有后会。

守义者，谓守以人义，探心在内以合也。探心，深得其主也；从外制内，事有系由而随之也。故小人比人，则左道⑰而用之，至能败家夺国。非贤智，不能守家以义，不能守国以道。圣人所贵道微妙者，诚以其可以转危为安、救亡使存也。

【注释】

①中经：指以内心去经营外物。中，内心；经，经营、治理。

②能言者，俦善博惠：巧于雄辩的人最能解决纠纷，所以就成为善人的好友而广施恩惠。俦，同类、伴侣。

③依道：遵循道法。道，道德、道义。

④郄：缝隙。

⑤僻淫：邪恶淫乱。

⑥商、角不二合，徵、羽不相配：商、角、徵、羽都是五音的名称，商属金，角属木，徵属火，羽属水。由于金木水火土五行相克而不相合，所以才有乐声不调和的现象。

⑦宫：五音之一，被视为土，能和其他四音。

⑧比目：即比目鱼，只有一只眼睛的鱼，总是两条并游。

⑨合翼：即比翼鸟。只有一眼一翅的鸟，总是两只并羽齐飞。

⑩羸：瘦弱。

⑪贞信：诚信。

⑫时禁：除规定时间以外禁止出入的禁令。

⑬伎术：同技术。

⑭效：效劳。

⑮音乐动之：以音乐的快乐节奏来感动人。

⑯漫澜：无限遥远的样子。

⑰左道：邪道。

【译文】

所谓中经，就是帮助穷困，救济危难，而且这种德行要施之于能言善辩、品德淳厚的人。如果解救了牢狱中的人，那么这个穷途末路的人一定不会忘记对方的恩惠。

巧于雄辩的人，多心地善良，又能广施恩惠。那些对人施行德义的人，都依道行事。而能救人于牢狱的人，能收养平民并加以利用。

士大夫常常生不逢时，或者侥幸免于深陷兵乱，或者因能言善辩而遭谗害，或者被迫放弃德行铤而走险；或者遭到拘捕成为囚犯；或者想戚戚独善其身；或者反败为胜而独立于世。

所以处世之道贵在能够制服人，而不能受制于人。能制服别人的人可以掌握权力，受制于人的人就会丢掉性命。所以，看见外形要能判断面容，估量身材要能推知相貌，听到声音要能随声唱和，要善于解除仇恨和与敌斗争，要善于挽留想要离去的人和对付前来游说的人，要善于摄取真情和恪守正义。本经记事是记录道数，其变化都在于《持枢》和《中经》二篇之中。

所谓"见形为容，象体为貌"，就像爻卦占卜一样，可以从影子和回音方面，可以从形体和姿容方面，可以从形象和面貌方面来掌握对方。而那些有操守的人，眼睛不看非礼之物，耳朵不听邪恶之言，言必称《诗》《书》，行为端正，道貌岸然，以德为容，庄严而又温顺。这样的人就难以从外形把握他们。

遇到这种对手，就应深隐真情，堵塞漏洞，然后离去。所谓"闻声和音"，是指声气不同，感情上难于接受，所以在五音中，商音与角音合不到一起，徵音与羽音不协调，能调和四声的只有宫音。

所以五音不协调就不悲壮，那些散、伤、丑、害等不和之音，更不成声调，用这些音来游说必然难于入耳。虽然有高雅的行为和美好的名声，也不可能与别人像比目鱼和比翼鸟那样亲密无间和谐相处。这都是因为声气不相同、音调不和谐的缘故。

所谓"解仇斗郄"，是说要调解两个弱者之间的敌对关系，所谓"斗郄"就是使两个强者相斗。两个强者既然斗起来，就必然有一胜一负。胜利的一方会夸耀战功，炫耀气势；败北的一方，就要哀叹失败，自卑伤感，觉得丢了面子，对不起祖宗。所以胜利的一方只知道夸耀成功和气势，只要能前进就决不后退；弱的一方知道自己为什么失败，不忘战争创伤，努力使自己强大，加强力量，为此而拼命。哪怕没有多少可乘之机，只要敌方防御不够强大，就可以威胁它，以至吞并它。

所谓"缀去"，就是指说出自己挽留的话，让对方再慎重考虑。在与对方接触时，要称赞他的品行，鼓励他的志气。讲出哪些事可以重新做，哪些事可以继续做，与他一同期待成功的喜悦。利用别人的教训来验证自己以往的行动，以便排疑解惑。

所谓"郄语"，就是要侦察对手的弱点。因为对手的话说多了，必然会有失言的地方，抓住对手的某些失实的言辞，并把它与事实相验证。用对手最忌讳的问题去动摇它，让对手产生一种拘束感。然后再争取和安抚对手的惶恐之心。最后再把以前的话拉回来，委婉地反驳对方，又不要把他的无能暴露给更多的人。

所谓"摄心"，就是说遇到好学技术的人，就要为他们扩大宣传，并设法从多方面来证实他们的技术。使之受宠若惊，感到无可非议。那么这个人的心就被我们所笼络。让他的智慧为民众效力，利用以前的经验来治理混乱局面，使老百姓也能心悦诚服地归顺我们。

一旦遇到沉湎酒色的人，就要采取一定的方法，用音乐来打动他们，再用酒色会影响寿命的道理来提醒他们，使他们萌生生命会日益缩短的忧患意识，再用那些他们所不曾见过的美好景象来刺激他们的情绪，使他们看到人生的道路是丰富多彩的，对未来充满信心。

所谓"守义"，是说要遵守人的义理。就是要探寻人们内心的想法，以求得判断与事实相符合。如能探到真心，就可以掌握人的真正想法。从外到内来控制他们的内心。事情总是有联系的，都会由一定原因引起，按一定逻辑发展。

小人与君子相比，他们会采用左道旁门，会导致败家亡国。不是圣人和智者就不能用义理来治理国家、不能用道德来保卫国家。圣人所以珍视道的微妙，那是因为道可以转危为安、救亡图存。

【感悟】

救人于穷困之时，犹如雪中送炭，使人永生难忘。也就是说帮助人在别人最困难的时候，被帮助的人才最感恩戴德。尤其是那些身陷囹圄之人，性命朝夕不保，一旦你把他们解救出来，就会为你所用。

人处于危乱之世，必然会遭受种种苦难，而在此时，只要善于自守，恪守道德规范，坚持目标不变，掌握主动权不为人所制，那么就能渡过危难自强自立。

事物的内在本质往往可以通过影响或改变其外表形式而发现出来，但是也有特殊情况，当遇到这种特殊情况时就要加以变通，以其他的途径去了解事物的本质。

情感是人类行为中最为复杂的，意气不投，言语不和，什么事情都难以办成，碰到这种情况，就应该先想方设法消除对方的抵触情绪，加以引导，然后事情才可办成功。

在战争中，如果要树立自己的威望，对弱小的割据势力要去消除他们的嫌隙，而对强大的势力，则去制造他们之间的矛盾，让他们相互火并，自己从中坐收渔利。

这样既控制了弱者，又钳制了强者。

笼络即将离你而去的人绝对是一件非常有意义的事情，因为这个人虽然离你而去，以后他仍会想到你对他的恩义，他极有可能再回到你的阵营中，即使不回到你的阵营中也可能从其他渠道给你以帮助。

要收罗一个人，只要抓住他的缺点和过犯，然后对他威胁利诱，使其畏惧，这样他就会忠心不二地为你办事。同时要注意自己的言行，以免给人留下把柄而为他人所要胁。

要想使一个人诚心归附，对其才貌要大加称赞，突出他的荣耀，同时又要不失时机地指出他的不足，让他知道你的高明之处。如果遇到那些犯有过错的人，你努力帮助他纠正之后，他更会对你感恩戴德，尽心尽力为你效劳。

道义是关乎国家生死存亡的大事，小人如果以他们的道义来治理国家，那么国家就必然败亡。因此，要注意防止小人当政，要让有仁德的圣人来治理国家，这样社会才能稳定，国家才会富裕强大。